U0336822

同济博士论丛
TONGJI Dissertation Series
总主编 伍 江　副总主编 雷星晖

鲁 正 吕西林 著

颗粒阻尼器的仿真模拟和性能分析

Numerical Simulation and Performance Analysis
of Particle Dampers

同济大学出版社
TONGJI UNIVERSITY PRESS

内 容 提 要

本书对附加颗粒阻尼器的系统进行了较为准确详尽的理论研究和试验分析,并提出了用于仿真模拟该系统的数值模型和方法。利用离散单元法建立了颗粒阻尼器离散元数值模型,并利用振动台试验进行了验证。按照简单到复杂的顺序,介绍了颗粒阻尼器在竖向和水平向附加在单自由度和多自由度主体结构后,整个系统在不同动力作用下的性能响应。本书还对颗粒阻尼器的系统参数进行了广泛深入的参数分析。研究了颗粒阻尼器不同组成部分之间相互作用的物理本质,揭示了能表征其最佳工作状态的"全局化"指标:有效动量交换;碰撞和摩擦引起的系统能量耗散;任意颗粒速度的互相关函数。通过数值仿真结果与试验结果的比较,验证了本书模型的正确性和可行性。

本书适用于土木工程、结构抗震等相关专业和领域的读者参考使用。

图书在版编目(CIP)数据

颗粒阻尼器的仿真模拟和性能分析/鲁正,吕西林著.
—上海:同济大学出版社,2017.8
(同济博士论丛/伍江总主编)
ISBN 978-7-5608-6974-2

Ⅰ.①颗… Ⅱ.①鲁…②吕… Ⅲ.①阻尼器-计算机仿真-研究②阻尼器-性能分析-研究 Ⅳ.①TH703.62

中国版本图书馆 CIP 数据核字(2017)第 090958 号

颗粒阻尼器的仿真模拟和性能分析

鲁 正 吕西林 著

出 品 人 华春荣 责任编辑 李 杰 熊磊丽
责任校对 谢卫奋 封面设计 陈益平

出版发行 同济大学出版社 www.tongjipress.com.cn
(地址:上海市四平路 1239 号 邮编:200092 电话:021-65985622)
经 销 全国各地新华书店
排版制作 南京展望文化发展有限公司
印 刷 浙江广育爱多印务有限公司
开 本 787 mm×1092 mm 1/16
印 张 9.5
字 数 190 000
版 次 2017 年 8 月第 1 版 2017 年 8 月第 1 次印刷
书 号 ISBN 978-7-5608-6974-2

定 价 50.00 元

"同济博士论丛"编写领导小组

"同济博士论丛"编辑委员会

袁万城　莫天伟　夏四清　顾　明　顾祥林　钱梦騄
徐　政　徐　鉴　徐立鸿　徐亚伟　凌建明　高乃云
郭忠印　唐子来　阎耀保　黄一如　黄宏伟　黄茂松
戚正武　彭正龙　葛耀君　董德存　蒋昌俊　韩传峰
童小华　曾国荪　楼梦麟　路秉杰　蔡永洁　蔡克峰
薛　雷　霍佳震

秘书组成员：谢永生　赵泽毓　熊磊丽　胡晗欣　卢元姗　蒋卓文

总　序

　　在同济大学110周年华诞之际,喜闻"同济博士论丛"将正式出版发行,倍感欣慰。记得在100周年校庆时,我曾以《百年同济,大学对社会的承诺》为题作了演讲,如今看到付梓的"同济博士论丛",我想这就是大学对社会承诺的一种体现。这110部学术著作不仅包含了同济大学近10年100多位优秀博士研究生的学术科研成果,也展现了同济大学围绕国家战略开展学科建设、发展自我特色,向建设世界一流大学的目标迈出的坚实步伐。

　　坐落于东海之滨的同济大学,历经110年历史风云,承古续今、汇聚东西,秉持"与祖国同行、以科教济世"的理念,发扬自强不息、追求卓越的精神,在复兴中华的征程中同舟共济、砥砺前行,谱写了一幅幅辉煌壮美的篇章。创校至今,同济大学培养了数十万工作在祖国各条战线上的人才,包括人们常提到的贝时璋、李国豪、裘法祖、吴孟超等一批著名教授。正是这些专家学者培养了一代又一代的博士研究生,薪火相传,将同济大学的科学研究和学科建设一步步推向高峰。

　　大学有其社会责任,她的社会责任就是融入国家的创新体系之中,成为国家创新战略的实践者。党的十八大以来,以习近平同志为核心的党中央高度重视科技创新,对实施创新驱动发展战略作出一系列重大决策部署。党的十八届五中全会把创新发展作为五大发展理念之首,强调创新是引领发展的第一动力,要求充分发挥科技创新在全面创新中的引领作用。要把创新驱动发展作为国家的优先战略,以科技创新为核心带动全面创新,以体制机制改革激发创新活力，以高效率的创新体系支撑高水平的创新型国家建设。作为人才培养和科技创新的重要平台，大学是国家创新体系的重要组成部分。同济大学理当围绕国家战略目标的实现，作出更大的贡献。

大学的根本任务是培养人才，同济大学走出了一条特色鲜明的道路。无论是本科教育、研究生教育，还是这些年摸索总结出的导师制、人才培养特区，"卓越人才培养"的做法取得了很好的成绩。聚焦创新驱动转型发展战略，同济大学推进科研管理体系改革和重大科研基地平台建设。以贯穿人才培养全过程的一流创新创业教育助力创新驱动发展战略，实现创新创业教育的全覆盖，培养具有一流创新力、组织力和行动力的卓越人才。"同济博士论丛"的出版不仅是对同济大学人才培养成果的集中展示，更将进一步推动同济大学围绕国家战略开展学科建设、发展自我特色、明确大学定位、培养创新人才。

面对新形势、新任务、新挑战，我们必须增强忧患意识，扎根中国大地，朝着建设世界一流大学的目标，深化改革，勠力前行！

万　钢

2017 年 5 月

论丛前言

　　承古续今，汇聚东西，百年同济秉持"与祖国同行、以科教济世"的理念，注重人才培养、科学研究、社会服务、文化传承创新和国际合作交流，自强不息，追求卓越。特别是近 20 年来，同济大学坚持把论文写在祖国的大地上，各学科都培养了一大批博士优秀人才，发表了数以千计的学术研究论文。这些论文不但反映了同济大学培养人才能力和学术研究的水平，而且也促进了学科的发展和国家的建设。多年来，我一直希望能有机会将我们同济大学的优秀博士论文集中整理，分类出版，让更多的读者获得分享。值此同济大学 110 周年校庆之际，在学校的支持下，"同济博士论丛"得以顺利出版。

　　"同济博士论丛"的出版组织工作启动于 2016 年 9 月，计划在同济大学 110 周年校庆之际出版 110 部同济大学的优秀博士论文。我们在数千篇博士论文中，聚焦于 2005—2016 年十多年间的优秀博士学位论文 430 余篇，经各院系征询，导师和博士积极响应并同意，遴选出近 170 篇，涵盖了同济的大部分学科：土木工程、城乡规划学（含建筑、风景园林）、海洋科学、交通运输工程、车辆工程、环境科学与工程、数学、材料工程、测绘科学与工程、机械工程、计算机科学与技术、医学、工程管理、哲学等。作为"同济博士论丛"出版工程的开端，在校庆之际首批集中出版 110 余部，其余也将陆续出版。

　　博士学位论文是反映博士研究生培养质量的重要方面。同济大学一直将立德树人作为根本任务，把培养高素质人才摆在首位，认真探索全面提高博士研究生质量的有效途径和机制。因此，"同济博士论丛"的出版集中展示同济大学博士研究生培养与科研成果,体现对同济大学学术文化的传承。

"同济博士论丛"作为重要的科研文献资源,系统、全面、具体地反映了同济大学各学科专业前沿领域的科研成果和发展状况。它的出版是扩大传播同济科研成果和学术影响力的重要途径。博士论文的研究对象中不少是"国家自然科学基金"等科研基金资助的项目,具有明确的创新性和学术性,具有极高的学术价值,对我国的经济、文化、社会发展具有一定的理论和实践指导意义。

"同济博士论丛"的出版,将会调动同济广大科研人员的积极性,促进多学科学术交流、加速人才的发掘和人才的成长,有助于提高同济在国内外的竞争力,为实现同济大学扎根中国大地,建设世界一流大学的目标愿景做好基础性工作。

虽然同济已经发展成为一所特色鲜明、具有国际影响力的综合性、研究型大学,但与世界一流大学之间仍然存在着一定差距。"同济博士论丛"所反映的学术水平需要不断提高,同时在很短的时间内编辑出版110余部著作,必然存在一些不足之处,恳请广大学者,特别是有关专家提出批评,为提高同济人才培养质量和同济的学科建设提供宝贵意见。

最后感谢研究生院、出版社以及各院系的协作与支持。希望"同济博士论丛"能持续出版,并借助新媒体以电子书、知识库等多种方式呈现,以期成为展现同济学术成果、服务社会的一个可持续的出版品牌。为继续扎根中国大地,培育卓越英才,建设世界一流大学服务。

伍 江

2017 年 5 月

前　言

　　颗粒阻尼器以其简单可靠且对极端温度不敏感等优点,广泛应用于航空机械等领域,但在土木工程界的应用尚处于起步阶段。本书利用离散单元法,建立了颗粒阻尼器球状离散元数值模型,并通过理想试验和实际振动台试验的验证,证明该方法是可行并且可靠的。

　　按照简单到复杂的顺序,系统介绍了颗粒阻尼器(竖向和水平向)附加在主体结构(单自由度结构和多自由度结构)后,整个系统在不同动力作用下的性能响应(自由振动,简谐振动,平稳激励,非平稳随机激励,以及实际地震波输入,单组分激励和多组分激励)。

　　研究发现以下几个能很好地揭示颗粒阻尼器不同组成部分之间相互作用的物理本质,并能表征其最佳工作状态的"全局化"指标:① 有效动量交换;② 碰撞和摩擦引起的系统能量耗散;③ 任意颗粒速度的互相关函数。

　　本书还对颗粒阻尼器的系统参数进行了广泛深入的参数分析。采用更多高恢复系数的颗粒能够减小系统响应对容器尺寸变化的敏感性;对于一定的质量比,颗粒材料和尺寸对主系统响应的影响不大;增加颗粒质量比,能够非线性地提高系统的减振效果,但有一限值;提高外界激励强度,能够增加阻尼器的减振效果,但有一限值;对于实际的地震波输入,其影响更为复杂,还与输入的频谱特性相关;圆柱体形状的颗粒阻尼器比长方体形状的阻尼器具有更好的减振效果,且能很好地应对多轴激励,即使其相对强度和方向并不预知;库仑摩擦力对阻尼器的性能影响复杂,但总体上是不利的;设计合理的颗粒阻尼器,以其很小的质量比,就能对系统阻尼较小的主体结构产生相当程度的减振效果。

颗粒阻尼器有很多变体。本书对单单元多颗粒阻尼器和多单元单颗粒阻尼器的运动特性进行比较,发现若外界激励的方向与多单元单颗粒阻尼器的设置方向一致,则该装置能取得更好的振动控制效果(基于同样的有效质量比)。然而,实际工程中,主系统往往会受到不同组分、不同方向的激励的输入(比如地震),人们并不能提前预知激励的输入方向。因此,多颗粒阻尼器以其对激励方向的无选择性的特点有可能成为更好的振动控制装置。

本书最后通过对一个三层钢框架附加多单元多颗粒阻尼器的模拟振动台试验,发现附加很小质量比(2.25%)的颗粒阻尼器能够减小主体结构的响应,尤其是能够反映能量效应的均方根位移响应;通过观察录像,发现阻尼器内的颗粒以颗粒流的形式运动时,减振效果较好;该试验也进一步验证了本书提出的数值模型的准确性。

目 录

第1章

绪　论

1.1　引　言

地震是危害人类生命财产的突发式自然灾害，除造成房屋倒塌和人员大量伤亡外，地震带来的损失还包括交通通信、供水供电等生命线中断，并可能引起火灾、疾病等次生灾害。世界上破坏性的强地震平均每年约 18次[1]。中国 1976 年发生的唐山地震、日本 1995 年发生的 Kobe 地震、美国 1994 年发生的 Northridge 地震、中国台湾 1999 年发生的集集地震、中国 2008 年发生的汶川地震等，都给人们留下了深刻的印象。

传统的结构抗震设计方法是通过增强结构本身的抗震性能来抵抗地震作用，即通过结构本身储存和消耗地震能量，以满足结构抗震的设防标准：小震不坏，中震可修，大震不倒。这种传统的结构抗震设计方法存在以下一些问题[1]：

（1）安全性难以保证。传统抗震方法以既定的"设防烈度"作为设计依据，当发生突发性超烈度地震时，建筑物可能会严重破坏，并且由于地震的随机性，建筑物的破损程度及倒塌的可能性难以控制，故安全性难以保证。

（2）适用性有限制。传统抗震方法容许建筑结构在地震中出现一定程度的损坏,对于某些不允许在地震中出现严重破坏的建筑物,或内部有贵重装饰的建筑物是不适用的。并且,这种抗震方法只考虑建筑结构本身的抗震,当建筑物内部有重要的仪器设备、计算机网络、急救指挥系统、通信系统、医院医疗设施等情况时,是不适用的。

(3)经济性欠佳。传统抗震方法以抗为主,是一种以强制强的设计方法通过加大构件截面,增加配筋来抵抗地震作用,其结果是断面越大,刚度越大,地震作用也越大,所需截面和配筋也越大。这种恶性循环不仅难以保证安全,也大大提高了建筑物的造价。

正是由于传统抗震设计方法存在着诸多弊端,使得结构被动控制与主动控制体系应运而生。美籍华裔学者 J. T. P. Yao(姚治平)[2]在1972年将现代控制理论应用于土木结构,确定了土木结构控制研究的开始,该课题目前已成为结构工程领域最具前沿性的发展方向之一,并已在世界各国的实际工程中得到了广泛应用。

1.2　结构控制概述

土木工程结构控制,是在工程结构的特定部位装设某种装置(如隔震垫或隔震块),或某种结构(如消能支撑、消能剪力墙、消能节点或者阻尼器等),或某种子结构(如调谐质量等),或施加外力(外部能量输入),以改变或调整结构的动力特性或动力作用,使建筑物的振动响应得到合理控制,确保结构本身的安全及结构中的人的舒适安全和仪器设备的正常工作。

按照有无外部能源供给,结构控制可分为被动控制、主动控制、混合控制和半主动控制四种[3]:被动控制是无外加能源的控制,其控制力是控制装置随结构一起振动变形时,因装置本身的运动而被动产生的;主动控制是有外加能源的控制,其控制力是控制装置按某种控制规律利用外部能源主动实施的;混合控制是在结构上同时应用主动和被动控制,从而能充分发挥各种控制装置的优点,具有控制效果好、造价低、能耗小、易于工程应用的特点;半主动控制所需的外加能源远小于典型的主动控制系统,其控制力虽也由控制装置本身的运动而被动产生,但在控制过程中,控制装置可以利用外加能源主动调整自身的参数。一般情况下,该系统不外加机械能,因而能保证系统的稳定性。通常,半主动控制被认为是可控的被动控制装置。

1.2.1 被动控制

被动控制由于概念简单,机理明确,因而在工程中得到了广泛的应用。常见的被动控制包括基础隔震、消能减震和被动调谐减震控制。

1. 基础隔震

基础隔震的基本原理是延长结构周期,给予适当阻尼使加速度反应减小,同时,让结构的大位移主要由结构物底部与地基之间的隔震系统提供,而不由结构自身的相对位移承担[4]。目前的基础隔震技术可分为两类:弹(黏)性隔震和基础滑动隔震。弹(黏)性隔震指在结构物底部与基础顶面之间增设一侧向刚度较低的柔性层,使体系的周期延长,变形集中在底层,上部结构基本是刚体运动,柔性底层对上部结构来讲起着低通滤波的作用,使结构的基频比基础固定时的频率以及地震动输入的卓越频率段都低很多,目前国内外最受重视和应用范围最广的橡胶类支座隔震即是此类方案的代表。基础滑动隔震是指在结构物与基础之间设置摩擦系数较小的摩擦材料,当结构在地震时的惯性力大于系统的摩擦力时,结构相对于基础产生滑动,一方面,限制了水平地震作用向结构传递,另一方面,耗散了地震能。基础隔震主要用于频率较高的低矮结构及桥梁等。

2. 消能减震

消能减震是把结构物的某些构件(如支撑、剪力墙、连接件等)设计成耗能杆件,或在结构的某部位(层间空间、节点、黏结缝等)安装耗能装置。在风或小震时,这些耗能构件或耗能装置具有足够的初始刚度,处于弹性状态,结构物仍具有足够的侧向刚度以满足使用要求。当出现中、强地震时,随着结构侧向变形的增大,耗能构件或耗能装置率先进入非弹性状态,产生较大的阻尼力,大量消耗输入结构的地震能量,使主体结构避免出现明显的非弹性状态,并且迅速衰减结构的地震反应,从而保护主体结构及构件在强地震中免遭破坏,确保其安全性。目前常用的有以下四类:黏弹性阻尼器、黏滞阻尼器、摩擦阻尼器和金属阻尼器。其中前两类称为速度相关型耗能器,后两类称为位移相关型耗能器。许多学者均对这些耗能器做了较为详尽的评述[5-7]。

(1) 黏弹性阻尼器

黏弹性耗能器一般由黏弹性材料和约束钢板组成,以隔层方式将黏弹性材料和约束钢板结合在一起,通过黏弹性材料的剪切滞回变形来耗散能量。黏弹性材料属高分子聚合物,既具有弹性性质,又具有粘性性质,前者可以提供刚度,后者可以提供阻尼,因此可以耗能减振。黏弹性耗能器性能可靠,造价低,安装方便,适合于各种动荷载引起的结构振动控制。

黏弹性耗能器在振动控制中的应用可追溯到 20 世纪 50 年代飞机结构的疲劳振动控制,在结构工程中的应用始于 1969 年建成的美国 110 层的纽约世界贸易中心,该结构的每座塔楼安装了大约 11 000 个黏弹性耗能器以减小风振反应。除此之外,黏弹性耗能器还用于减小美国西雅图的 Columbia Seafirst 和 Two Union Square 大楼的风振反应。

黏弹性材料的性能与振动频率、应变大小和环境温度密切相关。一般来说,剪切应力与剪切应变的关系为[8]

$$\tau(t) = G'(\omega)\gamma(t) + \frac{G''(\omega)}{\omega}\dot{\gamma}(t) \qquad (1-1)$$

式中,$G'(\omega)$ 和 $G''(\omega)$ 分别是黏弹性材料的贮存弹性模量和损耗弹性模量。

Tsai 和 Lee[9]、Kasai 等人[10] 以及 Sheng 和 Soong[11] 分别给出了 $G'(\omega)$ 和 $G''(\omega)$ 的解析表达式。根据式（1-1）所示的本构关系，可得黏弹性耗能器的力-位移关系为

$$F(t) = k_{\mathrm{d}}(\omega)X + c_{\mathrm{d}}(\omega)\dot{X} \qquad (1-2)$$

式中，$k_{\mathrm{d}}(\omega) = \dfrac{AG'(\omega)}{\delta}$，$c_{\mathrm{d}}(\omega) = \dfrac{AG''(\omega)}{\omega\delta}$，其中，$A$ 和 δ 分别是耗能器中黏弹性材料的受剪面积和厚度。

线性结构安装黏弹性阻尼器后仍保持线性状态，耗能器的作用是增加结构的阻尼和抗侧刚度，这为分析带来极大的便利[12]。根据模态应变能法[13]，Chang 等人[14] 给出了安装黏弹性耗能器后受控结构振型阻尼比和振型频率的求解方法，由此可方便地进行结构分析。

黏弹性材料是一种温度敏感性材料。Chang 等人对黏弹性耗能器的力学性能与温度之间的相互关系进行了深入的理论和试验研究[15-16]。分析发现，如果环境温度变化对黏弹性阻尼系统的自振频率影响不大，且耗能器的刚度较大时，温度变化对黏弹性耗能器的减振能力影响不大。

黏弹性材料贮存弹性模量和损耗弹性模量与激振频率的相关性给耗能减振系统的非线性分析带来一定的困难。为解决上述问题，Markris 提出了黏弹性材料的复参数模型，该模型中的参数都是复数，但与激振频率是无关的，复参数模型给黏弹性阻尼系统的频域分析带来了很大的方便[17]。

为了验证黏弹性耗能器的理论研究成果及其在工程中应用的可行性，国内外学者对耗能器和附加耗能器的结构模型进行了大量的试验研究。

Blondet 等人在 1993 年进行了 2 个足尺黏弹性耗能器和 6 个耗能器模型的性能试验，试验中，6 个耗能器模型在材料应变达 300% 以上时才发生破坏，而且破坏多数发生在黏弹性材料和钢板的黏结处[18]。国内北京工业大学、哈尔滨工业大学、广州大学和东南大学也先后对不同黏弹性材料制

成的足尺或模型黏弹性耗能器进行了系统的性能试验[19-22]。

Chang 等人在 1994 年进行了两个 2∶5 钢框架模型的动力试验,其中一个为无控结构,另一个为安装黏弹性耗能器的有控结构[14]。Foutch 等人 1993 年在美国军用建筑工程试验室对两个安装黏弹性耗能器的钢筋混凝土模型进行了振动台试验[23]。试验表明,黏弹性耗能器对于钢结构和钢筋混凝土结构在任意地震作用下均有较好的减震效果;同时,由于耗能器在钢筋混凝土结构的开裂阶段就已耗能,因此可以有效地降低结构的进一步损伤。国内北京工业大学、哈尔滨工业大学、西安建筑科技大学分别对附加黏弹性阻尼器的钢结构和钢筋混凝土结构模型进行了振动台试验,这些试验同样取得了较好的控制效果[19,24-25]。

需要指出的是,当温度不变时,黏弹性材料在较大的应变范围内呈线性反应,但在大应变情况下,由于消耗大量的能量,黏弹性材料温度会升高,从而改变了材料的力学性能,因而整个反应是非线性的。为此,如果黏弹性耗能器很有可能出现大应变,则不能采用传统的频域法分析耗能体系的动力反应。

(2)黏滞阻尼器

黏滞阻尼器最初被应用于导弹发射架、火炮等军事领域和其他工业机械设备的减振之中[26-27],近年来才逐渐应用到土木工程结构的耗能减振中[28]。黏滞耗能器主要分为两类:一类是黏滞油缸型耗能器[29],另一类是黏滞阻尼墙[30-31]。

黏滞油缸型阻尼器最早出现于 1862 年,当时,英国军队在大炮的发射架上使用这种耗能装置,用来减小发射炮弹所引起的发射架移位[32]。第一次世界大战结束时,黏滞油缸型耗能器因为能够减小反弹力,被使用在发射架上以允许发射更大的炮弹和使用更大的发射推动力。20 世纪二三十年代开始在汽车中使用这种耗能器来减小振动,促进了黏滞油缸型耗能器的革新,使它具有足够长的使用寿命。冷战期间,美国和苏联因为军事上的需要而使耗能器的性能得到进一步提高。1990 年前后,冷战结束,黏滞油缸耗能器这一军事技术开始转向民用,便开始在土木工程领域得到迅速和广泛的研究和应用[27]。黏滞油缸型耗能器主要由油缸、活塞和高黏度油液组成。在外界激励下,活塞与油缸间产生相对运动,使得油缸中的高黏度油液通过活塞上的小孔或活塞的边缘从活塞的一侧流动到另一侧,从而产生黏滞阻尼。黏滞阻尼器安装在结构上以后,可以给结构提供较大的阻尼,它可以用来减小结构的地震反应,也可以用来减小结构的风振反应,还能作为基础隔震系统的辅助设备,与隔震系统协同作用以增强结构的抗震能力。

黏滞阻尼墙是一种用于建筑结构的耗能减震器,是日本学者 Arima 和 Miyazaki 等在 1986 年提出来的[30-31],它主要由悬挂在上层楼面的内钢板、固定在下层楼面的两块外钢板、内、外钢板之间的高黏度黏滞液体组成。地震时,上、下楼层产生相对速度,从而使得上层内钢板在下层外钢板之间的黏滞液体中运动,产生阻尼力,吸收地震能量,减小地震反应。通过改变黏滞液体的黏度、内、外钢板之间的距离、钢板的面积这三个因素,可以调整黏滞阻尼墙的黏滞抵抗力和能量吸收能力。黏滞阻尼墙之外通常还有钢筋混凝土或防火材料制成的外部保护墙,以抵御外界环境的不利影响。

国内外学者对黏滞阻尼器的性能进行了广泛的研究[33-38]。研究发现,如果黏滞阻尼器中的油液是牛顿流体,则阻尼器提供的阻尼力与相对运动速度成正比。如果活塞在一个较宽的频率范围内运动,黏滞阻尼器将呈现黏弹性流体的特征。对此,Makris 和 Constantinou 在 1991 年提出了一种广义的 Maxwell 模型来描述黏滞阻尼器的力学性能。考虑到表达式的简化,目前大多数在土木工程领域使用的黏滞阻尼器力学性能可以表示为[27]

$$F = CV^{\alpha} \tag{1-3}$$

式中,C 是黏滞阻尼系数,V 是阻尼器活塞相对阻尼器外壳的运动速度,α 是常数指数,变化范围可以是 $0.1 < \alpha < 2^{[3,27,37]}$。根据国外的经验,建筑物在使用黏滞阻尼器抵抗地震作用时,α 值通常在 $0.4 \sim 0.5$ 之间;抵抗风作用时,α 值通常在 $0.5 \sim 1.0$ 之间;既抗震又抗风时,α 值通常取 $0.5 \sim 1.0$ 之间的较小值[27]。

Constantinou 和 Symans 在 1993 年对黏滞阻尼器进行了系统的性能试验,将其安装在一个 1:4 的三层钢结构模型中,以考察阻尼器的减振效果[39];Reinhom 等人 1995 年在一个 1:3 的钢筋混凝土框架模型上测试了黏滞阻尼器的减震能力[40]。1988 年 Arima 和 Miyazaki 等人系统地研究了黏滞阻尼墙的力学特性,并测试了黏滞阻尼墙在五层钢框架模型和四层足尺结构中的动力响应[30]。国内哈尔滨工业大学、同济大学、东南大学也先后对黏滞阻尼器的力学性能进行了试验研究[37-38,41],哈尔滨工业大学和同济大学还对附加黏滞阻尼器的结构模型进行了振动台试验[41-42],清华大学对附加黏滞阻尼墙的小比例结构模型进行了振动台试验研究[43]。这些研究表明,黏滞阻尼器具有出色的耗能减振效果,并且不会引起温度的较大变化;另一方面,黏滞阻尼器几乎只对结构提供阻尼力,而基本上不增加结构的刚度。结构合理的附加黏滞阻尼器以后,位移反应和内力反应同时减小。

（3）摩擦阻尼器

摩擦耗能器是由金属摩擦片在一定的预紧力下组成一个能够产生滑动和摩擦力的机构。机构因振动变形带动摩擦耗能器往复滑动,因此,滑动摩擦力将做功耗散能量,从而达到减振的目的。摩擦耗能器的摩擦力大小易于控制,可方便地通过调节预紧力大小来确定,其性能对环境温度及摩擦生热不敏感。

各国学者根据对不同结构的不同使用要求,对摩擦耗能器进行了深入的研究,通过改变摩擦耗能器的构造和摩擦面材料及与结构的连接方式等,在理论、试验及应用上已取得了很多成果。1982 年,加拿大 Pall 提出了十字芯板摩擦耗能器(即 Pall 摩擦耗能器),该耗能器外框是一个平行四边形,并将其用 X 形斜撑与结构相连,其独特的构造使其性能较普通摩擦耗能器稳定,且斜撑不受临界力限制,试验证明了其良好的耗能能力[44]。Grigorian 等人还提出了两种构造类似于黏弹性耗能器的最简单的摩擦耗能器[45]。1990 年,Aiken 和 Kelly 等人提出了一种可复位的 Sumitomo 单向摩擦耗能器等[46]。我国的欧进萍等人对摩擦耗能器进行了研究和改进,提出了 T 字芯板摩擦耗能器和拟黏滞摩擦耗能器[47-48]。摩擦耗能器大多采用钢-钢、钢-铜或者钢-掺石墨的铜片等摩擦界面材料,摩擦界面材料的性能对耗能器的性能有很大影响。

Scholl 和 Nims 等人的研究结果表明,在摩擦耗能器中,初始起滑位移和结构层间屈服位移之比,以及耗能支撑刚度和结构层间刚度之比是影响耗能器减振效果的关键因素[49-50]。

摩擦耗能器在小震作用下不起滑,只能起到支撑作用,振动控制效果不是很好。针对这一问题,Tsiatas 和 Daly 提出将摩擦耗能器和黏滞阻尼器串联起来,形成组合耗能体系。在风荷载和小震作用下,只有黏滞阻尼器发挥作用;在大震作用时,摩擦耗能器也参与耗能,从而发挥了更好的减振效果[51]。国内吕西林等人对带有摩擦和黏滞阻尼器串联体系的结构进行了动力分析[52]。

摩擦耗能器也在国内外得到了较多的应用。加拿大 Concordia 大学的图书馆、Space 公司的总部大楼等一批建筑物采用了 Pall 摩擦耗能器来增强抗震能力[53]。Sumitomo 摩擦耗能器在日本应用较多,Omiya 市一幢 31 层的钢结构、东京一幢 22 层的钢结构和一幢 6 层的钢筋混凝土结构,都采用了这种耗能器[46]。我国 1997 年运用摩擦耗能器对东北某政府大楼进行抗震加固,2001 年新建的云南振戒中学食堂楼和化学试验楼中也采用了 T字芯板摩擦耗能器和拟黏滞摩擦耗能器来增强抗震能力[54-56]。

（4）金属阻尼器

金属屈服耗能器的耗能机理是,在结构振动时,金属发生塑性屈服滞回变形而耗散能量,从而达到减振的目的。金属屈服耗能器的特点是:具有稳定的滞回特性,良好的低周疲劳性能,不受环境温度的影响,造价低廉,等等。

20 世纪 70 年代初,Kelly 等人最早提出了金属屈服耗能器,随后各国学者对金属屈服耗能器进行了理论和试验研究,并开发了各种材料、各种构造形式的耗能器[57-59]。软钢具有屈服点低、断裂变形大、低周疲劳性能好等优点,且由于取材方便,特别适合制成金属屈服耗能器。目前较有特色的金属屈服耗能器是三角形和 X 形钢板两种,其特点是:这两种金属耗能器各截面是等曲率变形的,弯曲应力均匀分布能同时达到屈服。此外,铅和形状记忆合金也具有良好的耗能能力,也可以用来制造金属屈服耗能器[60-61]。

为了建立金属屈服耗能器的滞回模型,从材料的本构关系出发来建立的滞回模型以及试验研究是两个重要的手段[62-64]。

金属屈服耗能器是一种非线性装置,安装在结构上以后,将使有控结构表现明显的非线性特征。研究表明,支撑刚度与耗能器刚度之比,支撑和耗能器的串联刚度与结构层间刚度之比,以及耗能器屈服位移与结构层间屈服位移之比是影响金属屈服耗能器减振效果的三个主要参数[49]。为了分析耗能器对结构的振动控制,可以采用两种方法:一种是运用耗能器的滞回模型对耗能减振体系作动力时程分析[65-66],另一种是将耗能器的滞回模型作等效线性化处理,然后利用等价线性参数进行受控结构的计算分析[50,67]。

金属屈服耗能器在土木工程中也有成功的应用。新西兰的一幢 6 层政府办公楼,其预制墙板的斜撑中采用了钢管耗能装置;意大利那不勒斯的一幢 29 层的钢结构悬挂建筑,在核心筒和悬挂楼板之间采用了锥形软钢耗能器;美国旧金山的两幢和墨西哥的三幢结构的抗震加固采用了 X 形钢板屈服耗能器;日本 Kajima 公司研制的蜂窝耗能器和钟形耗能器分别应用到了一幢15层的钢结构办公楼和两个相邻的建筑物之间[68-69]。

3. 被动调谐减震控制

被动调谐减震控制由结构和附加在主结构上的子结构组成,附加的子结构具有质量、刚度和阻尼,因而可以调整子结构的自振频率,使其尽量接近主结构的基本频率或激振频率。这样,当主结构受迫振动时,子结构就会产生一个与主结构振动方向相反的惯性力作用在结构上,使主结构的振动反应衰减并受到控制,该减震控制不是通过提供外部能源,而是通过调整结构的频率特性来实现的。子结构的质量可以是固体质量,此时,子结构被称为调谐质量阻尼器(TMD);也可以是储存在某种容器中的液体质量,其调谐减震作用是通过容器中液体振荡产生的动压力差和黏性阻尼耗能来实现的,此时,子结构被称为调谐液体阻尼器(TLD),调谐液体阻尼器可分为储液池式和U形柱式;还可以是放置在某种容器中的固体颗粒,其消能作用主要是通过颗粒冲击主体结构引起的动量交换和系统之间的摩擦耗能来实现。若只有单个颗粒,这种子结构称为冲击阻尼器(Impact Damper);若有多个颗粒,这种子结构称为颗粒阻尼器(Particle Damper)。结构被动调谐减震控制技术已成功应用于多高层结构、高耸塔架、大跨度桥梁、海洋平台等的地震控制、风振控制和波浪引起的振动控制。

1.2.2 主动控制

主动控制主要包括:① 主动锚索(拉索)系统(ATS),其基本原理是在框架结构的层间设置交叉锚索,在锚索上安装液压伺服系统,并在结构的附近和结构中设置传感器,当结构受到地震或风作用时,计算机控制中心将根据传感器所观测到的信号,启动伺服系统对锚索施力;② 主动支撑系统(ABS),在结构物的楼层之间设置主动支撑装置,利用结构的层间反应信息,改变支撑力的大小和方向,以控制结构的振动;③ 主动质量阻尼器(AMD),利用安装在结构上的传感器观测到的结构反应信息,由计算机控

制中心根据所选定的控制算法确定控制力,启动伺服系统,借助于附加质量,将控制力施加到结构上。

1.2.3 混合控制

混合控制主要包括:① 混合质量阻尼器(HMD):将调谐质量阻尼器与主动控制作动器组合起来,混和质量阻尼器降低结构反应的能力主要依赖于调谐质量阻尼器的运动,来自作动器的力被用来增加混和质量阻尼器的有效性和改变主体结构动力特性的鲁棒性;② 混合基础隔震:在隔震层增设主动控制装置,使隔震层的相对位移保持在容许的范围内,并进一步减小上部结构的地震反应,常见的有叠层橡胶支座与主动质量阻尼器、可变阻尼器等组合形式。

1.2.4 半主动控制

半主动控制主要包括:① 可变阻尼器(AVD),可根据需要,适时改变其阻尼值,使结构系统阻尼参数始终处于最优状态;② 可变刚度系统(AVS),通过适时调整结构的层间刚度的方法,来减小结构的振动;③ 主动调谐参数质量阻尼器(ATMD),在调谐质量阻尼器的基础上增加了一套可调整调谐质量阻尼器刚度和阻尼系数的机构,使其最大限度地吸收主体结构的振动能量,减小动力反应;④ 空气动力挡风板(ADA),当结构物顶部速度与风速度相反时,挡风板张开,以扩大迎风面,反之则关闭。

1.3 颗粒阻尼器技术简介

现阶段土木工程中,应用较广泛的被动控制装置有:黏弹性阻尼器,摩擦阻尼器,流体阻尼器,调谐质量阻尼器等[70]。黏弹性材料在中等温度(低于 260℃)时有效,在高温和低温环境下就会失效,而且会退化变脆分解[71];摩擦阻尼器能用于某些高温情形(比如涡轮片),但是其性能与两个物体切合的紧密程度等因素有关,因而其有效性往往由于物体表面状况的改变而降低;流体阻尼器常常利用增加质量,搅动流体等方式增加阻尼,但不能用于很多环境恶劣的情况;调谐质量阻尼器只能在共振区附近的很小一段频率范围内有效,且对工作环境的变化敏感。此外,还有一种高度非线性的冲击阻尼器正越来越多地应用在结构、设备和多层建筑上面,该装置只要保持颗粒的散粒状,便能起作用(钨粉能承受近 2 000℃的高温环境)。下面就对这种阻尼器作一个简要的综述。

1.3.1 基本概念和应用

冲击阻尼器(Impact Damper)[72]是一种简单而高效的被动控制装置,利用固体颗粒与主体结构碰撞时引起的动量交换和能量耗散来减小系统的振动,具有耐久性好、可靠度高、对温度变化不敏感、易于在恶劣环境中使用等优点。当颗粒与主体结构的相对位移超过阻尼器的净距时,两者相碰,引起能量耗散和动量交换。在减小结构的振幅上面,能量耗散起了重要作用,但最重要的控制机理在于动量交换[73]。当阻尼器的净距合适的时候,主体结构与固体颗粒的运动速度在碰撞前正好相反,颗粒由于质量较小,在碰撞后反向运动,主体结构由于质量较大,具有的惯性也大,依然保持原来的运动方向,但是速度降低,从而振幅也比无控结构的时候要小。

然而,单颗粒冲击阻尼器[图 1 - 1(a)]在碰撞的时候会产生很大的噪声和冲击力,且对设计参数(比如恢复系数、外界激励强度等)变化敏感,采用许多等质量的小颗粒来代替单一的固体质量块,可以消除这一弊端,从而产生一些新的装置,比如多单元单颗粒冲击阻尼器[Multi-unit Impact Damper,图 1 - 1(b)][74],单单元多颗粒阻尼器[Particle Damper,图 1 - 1(c)][75],多单元多颗粒阻尼器[图 1 - 1(d)][76]等。此外,还可采用软质包袋把颗粒包裹起来,形成"豆包"阻尼器(Beanbag Impact Damper)[77-78],用软质材料覆盖容器壁,形成缓冲冲击阻尼器(Buffered Impact Damper)[79]。

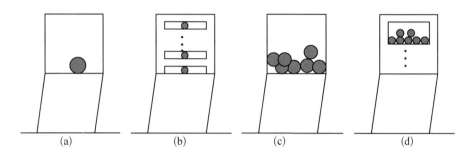

图 1-1　(a) 单单元单颗粒冲击阻尼器;(b) 多单元单颗粒冲击阻尼器;
(c) 单单元多颗粒阻尼器;(d) 多单元多颗粒阻尼器

1930 年,A. Z. Pagat[80]在研究涡轮机叶片减振问题时,发明了冲击减振器,此后的几十年间,冲击减振器在许多工程减振问题上得到了成功的应用,比如:雷达天线、印刷线路板的减振保护;降低灯柱、烟囱及一些细高挠性建筑物因风激起的振动;抑制继电器、飞行器及金属切削机床结构的自激振动,等等。Lieber 和 Jensen[81]采用冲击阻尼器来控制气动弹性结构的摆动,考虑每个周期碰撞两次的情形,并且发现,当冲击质量和主体结构的相位角相差 180°时,减振效果最好。Grubin[82]在假定每个周期对称碰撞 2 次的基础上,得到主体结构的振动响应,发现冲击阻尼器在共振以及具有较大的材料恢复系数的时候能够得到更多的阻尼。Oledzki[83]采用冲击阻尼器控制轻质航天器上的长管道的振动,其采用的流变计算模型与试验结果吻合良好。Skipor[84]把冲击阻尼器用在印刷装置上;Moore 等[85]把高速旋转动力阻尼器用于低温状态下工作的火箭引擎涡轮系统;Sims 等[86]利用颗粒阻尼器改进机械工件的振动稳定性;Gibson[87],Torvik 和 Gibson[88]把颗粒阻尼器引入空间应用,发现系统响应衰减率和最小有效振幅是阻尼器设计过程中两个很重要的参数,采用上千个小颗粒的阻尼器使得系统成为高度非线性,但能在很广的频率带上提供相当大的阻尼。Friend 和

Kinra[89-90]、Marhadi 和 Kinra[91]、Olson[92] 均把颗粒阻尼器放置在结构位移最大的地方，以得到较大的系统阻尼，颗粒可以通过非弹性碰撞把动能转化为热能耗散掉。通过对铝质悬臂梁在自由端附加颗粒阻尼器的实验，可以得到阻尼的数值，发现冲击阻尼具有高度非线性。

1.3.2　模拟方法

在模拟方法上，很多研究工作主要以单自由度系统为对象。由于冲击阻尼器工作时，冲击块体与主体结构的碰撞引起运动量（速度）的突变，使其动力学行为表现出很强的非线性，因而只能求得单颗粒阻尼器结构在简单激励下，并且在稳态振动时且假设每个周期对称碰撞两次的情况下的解析解。冲击阻尼器的理论分析最早始于 Lieber[81] 的工作，他把碰撞看作为完全塑性碰撞。Grubin[82] 把碰撞的弹性恢复系数引入分析，考量碰撞时的能量损失，并且建立了单自由度系统附加冲击阻尼器在简谐激励作用下的理论模型。Masri[93] 把该假设扩展到每个周期非对称碰撞两次的情形，Bapat[94] 更进一步地采用非线性控制方程来分析单自由度系统在简谐激励作用下每个周期碰撞 N 次的振动情况。此外，Masri[93,95-96] 还推导了单单元单颗粒和多单元单颗粒冲击阻尼器附加在主体结构上，在周期激励下稳态振动时的解析解，并分析了其运动稳定性；Bapat 和 Sankar[97] 在此基础上分析了库仑摩擦力的影响，他们[98] 还绘制了单单元单颗粒冲击阻尼器在受迫振动时反映最佳净距和相应的振幅折减幅度的表格；Ema 和 Marui[99] 的研究表明，冲击阻尼器给主体结构提供的附加阻尼是由于质量块与主体结构的碰撞而产生，且最佳阻尼作用受到质量比和净距的共同影响，Duncan 等[100] 用数值模拟的方法研究了竖向冲击阻尼器在宽频和多种振幅情况下的阻尼特性。

对于多颗粒阻尼器结构，考虑到颗粒之间的相互作用，系统很难求得解析解，因而学者们研究出一些简化方法和数值方法。Papalou 和

Masri[75,101-102]把多颗粒阻尼器简化等效为等质量的单颗粒阻尼器;Friend 和 Kinra[90]通过把多颗粒模拟为一个凝聚的质量块,把各种机理引起的能量耗散打包在一个新的概念"有效恢复系数"中,该系数是通过实验拟合得到,从而提出一种解析方法;Liu 等[103]在归纳实验结果的基础上,采用等效黏滞阻尼来模拟颗粒阻尼器的非线性特质;Xu 等[104]提出了颗粒阻尼器设计的经验方法,其中,阻尼作用和各个参数的关系也是基于实验拟合;Wu 等[105]把多相流体理论引入到颗粒阻尼器的分析,提出一个理论模型,Fang 和 Tang[106]在此基础上改进,这种方法能够减小分析的复杂度和计算量。尽管这些简化模型和基于实验的研究取得了不小的成果,然而,这些终究是基于现象的方法,结论也很难推广到除了该实验之外的其他情形。近年来,离散单元法(Discrete Element Method)被引入到颗粒阻尼器的分析[76,107-108]。由于该方法能够考虑颗粒之间,以及颗粒与容器壁之间的相互作用,因此能更合理地定量分析颗粒阻尼器的性能。

1.3.3　实验结果

许多学者做了各种颗粒阻尼器的实验,一方面是为了验证计算结果的正确性,另一方面是为了研究在各种动力荷载下,不同的阻尼器参数对系统减振效果的影响。比如,Veluswami 和 Crossley[109]、Veluswami 等[110]采用三种不同的材料做阻尼器内部冲击板的涂层,发现软质材料的恢复系数较小,在共振时提供的附加阻尼也小;Sadek 和 Mills[111]、Sadek 等[112]考察了重力对冲击阻尼器的影响,发现阻尼器在没有重力影响的时候效果更好,且在共振区域附近,每个周期非对称碰撞两次的碰撞形式占主导;Cempel 和 Lotz[113]研究了颗粒阻尼器的振动阻尼,发现冲击颗粒的能量耗散不仅依赖于内部颗粒的碰撞,而且与外部碰撞(指颗粒与容器壁的碰撞)有关,此外还与摩擦相关;Hollkamp 和 Gordon[71]采用金属和陶瓷颗粒作为冲击体,在容器振动时,能量通过颗粒碰撞耗散;Yokomichi 等[114-115],

Saeki[108]研究了简谐激励下颗粒阻尼器的响应,发现质量较大的冲击体能给结构提供更多的附加阻尼,质量较小的冲击体能在主体结构振动初始时更迅速地产生作用,此外,还发现并确定了最佳净距值。Yang[116-117]总结了一系列设计曲线以预测颗粒阻尼器的阻尼特性。

Li[118]做了一系列实验来研究单颗粒冲击阻尼器附加在多自由度体系的性状,考察了冲击体的质量、净距、激励类型和位置等的影响,发现增加颗粒的质量并不是一定能增加主体结构各阶模态的阻尼。Mao 等[119]应用三维离散单元法来考察颗粒阻尼器的性能,发现该装置能够提供相当大的附加阻尼,且是冲击阻尼和摩擦阻尼的综合作用,该阻尼作用导致主体系统的振幅在一定时间内呈线性迅速衰减。Xu 等[120]更进一步证实颗粒阻尼器能量耗散的机理主要与摩擦和碰撞相关。他们考察纵向钻洞并且填充冲击颗粒的弹性梁和板结构,重点考察了纵向应变梯度引起的剪切摩擦力对阻尼的贡献。实验表明,颗粒阻尼器在很宽的频带范围内都能提供附加阻尼,剪切摩擦力对高填充率颗粒阻尼器的附加阻尼贡献很大。实验和理论分析说明,运用多颗粒作为冲击体,合理考虑冲击,摩擦和剪切机理的影响,就能得到最佳的附加阻尼。

1.4 主 要 内 容

消能减振技术作为一种提高建筑物抗震抗风能力的有效措施,已经逐步得到学术界和工程界的普遍认可。在众多的被动控制装置中,冲击减振器虽然很早就应用于航天机械等行业,但由此发展起来的颗粒阻尼器由于运动形态的高度非线性,而且性能受众多参数的影响,尚未广泛应用于土木工程界。近几十年来,虽然许多学者对颗粒阻尼器展开了各种理论、数值、实验的研究,但是主要还是集中在基础研究,主体结构基本还是单自由度系统；数值模拟方法正在从简化的基于经验和实验现象的模拟转向比较精细的基于三维离散元方法的模拟。

本书的目标是系统考察颗粒阻尼器附加在主体结构上对主体结构的减振效果，通过详尽的参数分析，了解各个参数对不同的附加颗粒阻尼器的主体结构的影响。由于颗粒阻尼器内部各个颗粒的碰撞导致其运动具有高度非线性，需要寻找一些宏观的量来表征该阻尼器性态最优时具有的特点，以利于今后的实际设计和广泛应用。为此，按照研究的逐步深入，本书的主要内容如下：

（1）第 2 章介绍三维离散单元法的基本概念和控制方程，在此基础上用球状离散元建模并编制程序。

（2）第 3 章通过两种试验方法来验证该程序。一种是假想的理想试验，即考察极限情况下，程序的计算结果是否与常识认为的结果一致，第二种是实际试验的验证，即采用实际振动台的试验数据来验证程序的计算结果，看两者是否一致。其中一个振动台试验在第 7 章详细介绍。

（3）第 4 章考察单自由度体系附加颗粒阻尼器的性能。首先给出附加单颗粒冲击阻尼器的解析解，其次讨论了附加竖向颗粒阻尼器在自由振动下的阻尼效果，再次讨论了附加水平颗粒阻尼器在简谐激励下的振动特性。把颗粒与主体的碰撞形式分为"有效碰撞"和"有害碰撞"，相应的动量交换定义为"有效动量交换"和"有害动量交换"，通过考察这两个量的综合作用，发现这两个量能很好地表征阻尼器的动力特性。

（4）第 5 章考察附加颗粒阻尼器的系统在多组分多方向稳态随机激励下的非线性运动特点。由于颗粒碰撞使得整个系统在 x 和 y 方向上运动耦合，使得系统呈现复杂的响应状态。发现以下几个指标可以作为"全局化"的手段来表征阻尼器的总体性能，这些指标与主系统的最大响应折减效果联系在一起，这些指标是：有效动量交换、碰撞和摩擦引起的系统能量耗散、以及任意颗粒速度的互相关函数。本章最后还考察了两种不同阻尼器变体(多单元单颗粒阻尼器与单单元多颗粒阻尼器)的性能比较。

（5）第 6 章考察多自由度体系附加颗粒阻尼器的性能。首先介绍了多自由度系统附加单颗粒冲击阻尼器的解析解，其次讨论附加颗粒阻尼器在自由振动,稳态随机激励以及非平稳随机激励下的运动响应。

（6）第 7 章详细介绍了一个三层单跨钢框架附加颗粒阻尼器在实际地震波输入下的振动台试验,发现系统响应在加了阻尼器以后能够被减小,尤其是均方根位移响应。通过数值仿真结果与试验结果的对比,进一步验证了本书提出的颗粒阻尼器球状离散元数值模型的可行性和正确性。

（7）各个系统参数对颗粒阻尼器性能的影响在第 4—7 章中进行了详细介绍。

第2章

颗粒阻尼器球状离散元建模

2.1 引　言

　　离散单元法(Distinct/Discrete Element Method,简称 DEM)是美国学者 Cundall P. A. 于 1979 年提出来的一种非连续性数值计算方法[121],最初被用于分析岩石边坡的运动。随着研究的深入和计算机技术的发展,离散单元法除用于边坡、采矿和巷道的稳定性研究以及颗粒介质微观结构的分析外,已扩展到用于研究地震、爆炸等动力过程和地下水渗透、热传导等物理过程[122-123]。近十多年来,离散单元法已被逐步引入到结构工程领域中[124-125]。就离散单元法本身而言,它可以细致地模拟各离散单元间的相互作用,是进行仿真计算的有力工具。对于不同的研究对象来说,需建立不同的离散单元模型。常见的离散单元模型有块体单元(二维或三维)、圆盘单元(二维)、椭圆单元(二维)、球体单元(三维)。对于不同的单元模型,DEM 的原理和计算过程都是一致的,只是具体的计算方法和数据结构不同。

2.2 离散单元法基本原理

离散单元法的基本原理就是把研究对象划分成一个个离散的块体或球体单元,在受力变形、运动过程中,单元可以与其邻近的单元接触,也可以分离。离散单元法中的单元只需满足本构关系、平衡关系以及边界条件,单元之间没有相互变形协调的约束关系,因此,离散单元法特别适合于大变形和不连续结构问题的求解。

与有限单元法中本构关系的意义不同,离散单元法中的本构关系是用来确定单元之间的相对位移与相互作用力的关系,即力-位移关系。根据离散单元模型的不同,单元之间可以通过接触点、接触面或连接弹簧相互作用,相互作用力的大小根据接触本构方程或连接弹簧的本构关系确定。而个别单元的运动则完全根据该单元所受的不平衡力和不平衡力矩的大小按牛顿运动定律确定[126]。

2.2.1 基本假设

(1) 各颗粒的接触力和颗粒组合体的位移,可以通过各个颗粒的运动轨迹进行一系列的计算而得。这些运动是以颗粒自重、外荷载或边界上的扰动源以动态过程在介质中传播的结果,传播速度是离散介质物理特性的函数,在描述颗粒的运动数值特性时,显式迭代计算的任一时步内假定速度和加速度为常量,且这个时步可以选择得如此之小,以至于在每个时步期间,扰动不能从任一颗粒同时传播到它的相邻颗粒。这样,在所有时间内,任一颗粒的合力可由与它相互接触的颗粒相互作用而唯一确定。此外,显式算法不需要形成结构刚度矩阵,避免复杂的矩阵运算,因此,考虑大位移和非线性时,与有限单元法相比,离散单元法计算十分稳定。

（2）颗粒相互作用时在接触点假定存在叠合量,这种叠合特性表示了单个颗粒的变形,叠合量的大小直接与接触力有关。但是这些叠合量相对于颗粒尺寸来说要小得多,颗粒本身的变形相对于颗粒的平动和转动也要小得多,所以把颗粒视为刚体处理。这样不但使计算简化,而且不会引起过大的误差。颗粒的运动特性均由其重心来表示,颗粒之间的接触力遵守作用力与反作用力的法则[127]。

（3）颗粒分离后不存在拉力。

2.2.2 本构关系——力与位移关系

各国学者提出了多种散体单元的接触力模型来定量确定法向力和切向力,然而这至今还是一个热议的课题,尤其是对于切向力的确定[128-130]。本书采用最简单的力-位移模型:法向采用线性接触力模型,切向采用库仑摩擦力模型。

图 2-1(a)所示是颗粒与容器壁的法向线性接触力模型。k_2 是弹簧刚度,$\omega_2=\sqrt{k_2/m}$ 是角频率,通过合理选择 ω_2 的值($\omega_2/\omega_n \geqslant 20$[131])来模拟刚性壁;$c_2$ 是阻尼系数,$\zeta_2=c_2/2m\omega_2$ 是临界阻尼比,能用来模拟非弹性碰撞,所以,各种恢复系数(coefficient of restitution,两物体碰撞后的相对速度和碰撞前的相对速度的比值的绝对值)可以通过调整 ζ_2 的值来实现(详见 2.3.3 节中的讨论)。颗粒之间的法向线性接触力模型也类似,用 ω_3,c_3 和 ζ_3 分别代表颗粒间模拟法向弹簧的刚度、阻尼系数和临界阻尼比,如图 2-1(b)所示。从而,法向力表示为

$$F_{ij}^n=\begin{cases} k_2\delta_n+2\zeta_2\sqrt{mk_2}\,\dot{\delta}_n, & \delta_n=r_i-\Delta_i \quad (颗粒—容器壁) \\ k_3\delta_n+2\zeta_3\sqrt{\dfrac{m_im_j}{m_i+m_j}k_3}\,\dot{\delta}_n, & \delta_n=r_i+r_j-|\,\boldsymbol{p}_j-\boldsymbol{p}_i\,| \quad (颗粒—颗粒) \end{cases}$$

$$(2-1)$$

式中，δ_n 和 $\dot{\delta_n}$ 是颗粒 i 相对于颗粒 j 的位移和速度，Δ_i 是颗粒与容器壁的距离。

采用库仑摩擦力模型，切向接触力表示为

$$F_{ij}^t = -\mu_s F_{ij}^n \dot{\delta_t} / |\dot{\delta_t}| \qquad (2-2)$$

式中，μ_s 是颗粒间或者颗粒与容器壁之间的摩擦系数，$\dot{\delta_t}$ 是颗粒 i 相对于颗粒 j 的切向速度。

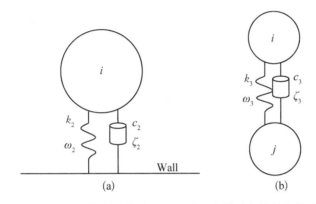

图 2 - 1　(a) 颗粒与容器壁；(b) 颗粒之间的法向接触力模型

2.2.3　运动方程——牛顿第二运动定律

任意选取一个颗粒单元 i，根据单元之间的相互接触关系（相对位移）与接触本构关系（力-位移关系），可以得到作用于颗粒单元上所有的接触力，再加上单元受到的其他作用力（比如重力），可以计算出作用在其上的合力与合力矩。根据牛顿第二运动定律，可以得到单元 i 的运动方程

$$m_i \ddot{\boldsymbol{p}}_i = m_i \boldsymbol{g} + \sum_{j=1}^{k_i} (\boldsymbol{F}_{ij}^n + \boldsymbol{F}_{ij}^t), \quad \boldsymbol{I}_i \ddot{\boldsymbol{\varphi}}_i = \sum_{j=1}^{k_i} \boldsymbol{T}_{ij} \qquad (2-3)$$

式中，m_i，$\boldsymbol{I}_i$ 是颗粒的质量和惯性矩，$\boldsymbol{g}$ 是重力加速度向量，$\boldsymbol{p}_i$，$\boldsymbol{\varphi}_i$ 是颗粒的位置向量和角位移向量，$\boldsymbol{F}_{ij}^n$，$\boldsymbol{F}_{ij}^t$ 是颗粒 i 和颗粒 j 之间的法向接触力和切

向接触力(若颗粒 i 与容器壁接触,则 j 代表容器壁)。接触力作用在两个颗粒的接触点,而不是在颗粒的质心,切向接触力会产生扭矩 $\boldsymbol{T}_{ij}$,使颗粒产生旋转。对半径为 r 的球形颗粒,$\boldsymbol{T}_{ij} = r_i\boldsymbol{n}_{ij} \times \boldsymbol{F}_{ij}^t$,其中,$\boldsymbol{n}_{ij}$ 是颗粒 i 的质心指向颗粒 j 的质心的单位向量,$\times$ 表示向量叉积,k_i 是与颗粒 i 相接触的颗粒数目。

2.3　球状离散元建模

2.3.1　单元之间的作用力计算

如图 2-2 所示,全局坐标系设为 $oxyz$,局部坐标系设为 $OXYZ$。取点 i-j 的直线为 X 轴,与 X 轴垂直的平面内,过 i 取一平行于 x-y 平面的直线为 Y 轴,Z 轴由右手螺旋定则确定。从而,X 轴沿着两个颗粒的法向,Y 轴和 Z 轴在切平面上,两套坐标系的转换矩阵为

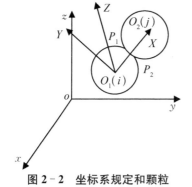

$$\begin{Bmatrix} X \\ Y \\ Z \end{Bmatrix} = \begin{bmatrix} l_{Xx} & l_{Xy} & l_{Xz} \\ l_{Yx} & l_{Yy} & l_{Yz} \\ l_{Zx} & l_{Zy} & l_{Zz} \end{bmatrix} \begin{Bmatrix} x \\ y \\ z \end{Bmatrix} = [Te] \begin{Bmatrix} x \\ y \\ z \end{Bmatrix}$$

$$(2-4)$$

图 2-2　坐标系规定和颗粒相互位置示意图

式中,l_{Xx} 是 X 轴和 x 轴的方向余弦,$[Te]$ 是坐标变换矩阵。

空间两个球 i 和 j,球心连线交球 i 于 P_1,交球 j 于 P_2。当两球心间距小于两球半径之和时,认为两个球产生接触碰撞。P_1 点的速度由球 i 的平动速度和绕球心的旋转速度合成。设球 i 的平动速度为 $(V_{o1x}, V_{o1y}, V_{o1z})$,旋转速度为 $(\dot{\theta}_{o1x}, \dot{\theta}_{o1y}, \dot{\theta}_{o1z})$,球 j 的平动速度为 $(V_{o2x}, V_{o2y}, V_{o2z})$,旋转速度为

$(\dot{\theta}_{o2x}, \dot{\theta}_{o2y}, \dot{\theta}_{o2z})$。由刚体运动学可知，对于球 i，P_1 点的速度为

$$\boldsymbol{V}_{p1} = \boldsymbol{V}_{o1} + \boldsymbol{\omega}_{o1} \times \bar{r} \qquad (2-5)$$

式中，$\boldsymbol{V}_{o1}$ 为 O_1 点平动的速度，$\boldsymbol{\omega}_{o1}$ 为球的旋转速度，$\bar{r} = \overline{O_1 P_1}$。将速度 $\boldsymbol{V}_{p1}$
写成分量形式

$$\begin{cases} V_{p_1 x} = V_{o_1 x} + (\dot{\theta}_{o_1 y} r_1 \cos\gamma - \dot{\theta}_{o_1 z} r_1 \cos\beta) \\ V_{p_1 y} = V_{o_1 y} - (\dot{\theta}_{o_1 x} r_1 \cos\gamma - \dot{\theta}_{o_1 z} r_1 \cos\alpha) \\ V_{p_1 z} = V_{o_1 z} + (\dot{\theta}_{o_1 x} r_1 \cos\beta - \dot{\theta}_{o_1 y} r_1 \cos\alpha) \end{cases} \qquad (2-6)$$

式中，r_1 为球 i 的半径，$\boldsymbol{e} = (e1, e2, e3) = (\cos\alpha, \cos\beta, \cos\gamma)$ 为 $O_1 P_1$ 的
方向余弦，也为接触法向量。同理，P_2 点的速度 $\boldsymbol{V}_{p2}$ 为

$$\begin{cases} V_{p_2 x} = V_{o_2 x} - (\dot{\theta}_{o_2 y} r_2 \cos\gamma - \dot{\theta}_{o_2 z} r_2 \cos\beta) \\ V_{p_2 y} = V_{o_2 y} + (\dot{\theta}_{o_2 x} r_2 \cos\gamma - \dot{\theta}_{o_2 z} r_2 \cos\alpha) \\ V_{p_2 z} = V_{o_2 z} - (\dot{\theta}_{o_2 x} r_2 \cos\beta - \dot{\theta}_{o_2 y} r_2 \cos\alpha) \end{cases} \qquad (2-7)$$

式中，r_2 为球 j 的半径，$(-\cos\alpha, -\cos\beta, -\cos\gamma)$ 为 $O_2 P_2$ 的方向余弦。由
此得到接触点的速度 $(\Delta V_x, \Delta V_y, \Delta V_z)$

$$\begin{cases} \Delta V_x = V_{p_1 x} - V_{p_2 x} \\ \Delta V_y = V_{p_1 y} - V_{p_2 y} \\ \Delta V_z = V_{p_1 z} - V_{p_2 z} \end{cases} \qquad (2-8)$$

转换到局部坐标系为

$$\begin{Bmatrix} \Delta V_X \\ \Delta V_Y \\ \Delta V_Z \end{Bmatrix} = \begin{bmatrix} Te \end{bmatrix} \begin{Bmatrix} \Delta V_x \\ \Delta V_y \\ \Delta V_z \end{Bmatrix} \qquad (2-9)$$

由此得到法向速度和切向速度，即可根据接触模型来确定法向和切向

的接触力。颗粒与容器壁接触时的作用力的计算方法,与球颗粒单元之间的相互作用力的计算方法完全一致,在此不再赘述。

2.3.2 计算时步 dt 的确定

由于 DEM 是一种迭代求解方法,所以迭代时间步长的选取是一个很关键的问题,直接关系到计算过程的稳定性。一般来说,在保证稳定性和计算精度的前提下,希望尽可能取较大的时步,这样可以减少计算量。DEM 中,颗粒单元的基本运动方程为

$$m\ddot{x}(t) + c\dot{x}(t) + kx(t) = F(t) \qquad (2-10)$$

式中,m 是颗粒单元质量,x 是位移,t 是时间,c 是黏性阻尼系数,k 是刚度系数,$F(t)$ 是单元受到的外力。要使求解稳定,必须满足

$$dt \leqslant 2\sqrt{\frac{m}{k}}(\sqrt{1+\zeta^2} - \zeta) \qquad (2-11)$$

式中,$\zeta = c/(2\sqrt{mk})$,是系统的阻尼比。

2.3.3 法向阻尼系数的确定

法向阻尼系数可以由球和容器壁碰撞的恢复系数导出,碰撞模型如图 2-1(a)所示。球与容器壁接触后的动力方程为

$$m\ddot{x}(t) + c\dot{x}(t) + kx(t) = 0 \qquad (2-12)$$

颗粒的初始位置为 $x_0 = 0$,接触前的入射速度为 $\dot{x}_0^- = \dot{x}_0$,求解得到位移响应和速度响应为

$$x(t) = \exp(-\zeta_2\omega_n t)\frac{\dot{x}_0}{\omega_d}\sin(\omega_d t) \qquad (2-13)$$

$$\dot{x}(t) = \exp(-\zeta_2 \omega_n t)\left[\dot{x}_0 \cos(\omega_d t) - \frac{\zeta_2 \dot{x}_0}{\sqrt{1-\zeta_2^2}}\sin(\omega_d t)\right] \quad (2-14)$$

式中，$\omega_d = \omega_n \sqrt{1-\zeta_2^2}$。

设碰撞过程结束时，$t = t_p$，这时需满足

$$x(t) = 0 \quad (2-15)$$

解得碰撞时间为

$$t_p = \frac{\pi}{\omega_d} \quad (2-16)$$

根据颗粒恢复系数的定义

$$e = \left|\frac{\dot{x}_0^+}{\dot{x}_0^-}\right| = \left|\frac{\exp(-\zeta_2 \omega_n t_p)\left[\dot{x}_0 \cos(\omega_d t_p) - \dfrac{\zeta_2 \dot{x}_0}{\sqrt{1-\zeta_2^2}}\sin(\omega_d t_p)\right]}{\dot{x}_0^-}\right|$$

$$= \exp\left(\frac{-\zeta_2 \pi}{\sqrt{1-\zeta_2^2}}\right) \quad (2-17)$$

从而可以得到法向阻尼系数和颗粒恢复系数的关系，通过调整 ξ_2 的值，就可以模拟各种材料颗粒的弹性状态，如图 2-3 所示。

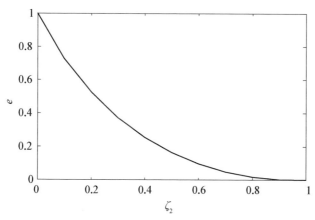

图 2-3　法向阻尼系数与恢复系数的关系图

2.3.4 接触检测算法

由于离散单元法假设在一个时步内，一个颗粒的扰动不会传递到与它接触的颗粒之外的其他颗粒上面，因而迭代时步需要很小，而且在每个时步又要判断各个颗粒之间的接触关系，因此是一种计算量极大的研究方法。其中，接触检测的算法尤为关键。

最直观简单的接触检测的算法为遍历判断，检测时间 T_d 的复杂度为 N^2（N 为颗粒数量）。最常用的算法[132-136]一般为二元搜索，其复杂度为

$$T_d \propto N\ln(N) \tag{2-18}$$

本书的碰撞检测算法采用 Munjiza 提出的非二元搜索（No Binary Search，NBS）算法[137]，其复杂度仅为

$$T_d \propto N \tag{2-19}$$

NBS 算法适用于颗粒半径相差不大的情况，对颗粒的疏密程度没有限制。下面通过二维圆形颗粒的碰撞检测对这一算法作简单介绍。

1. 空间网格划分

设有标号为 $\{0, 1, 2, \cdots, N-1\}$ 的大小相等的颗粒单元位于一个矩形范围之内，该矩形被划分成边长为 $2r$（r 是颗粒半径）的正方形网格，NBS 接触检测算法就是基于这种空间网格划分。之所以选择边长为 $2r$，是为了保证每个颗粒可以且仅可以位于一个网格之内。

每一个方形网格用二维坐标 (ix, iy)（$ix = 0, 1, 2, \cdots, ncelx-1$；$iy = 0, 1, 2, \cdots, ncely-1$）来表示，其中 $ncelx$ 和 $ncely$ 分别是沿着 X 和 Y 方向的网格的总数量。

$$ncelx = \frac{x_{\max} - x_{\min}}{2r} \tag{2-20}$$

$$ncely = \frac{y_{\max} - y_{\min}}{2r} \tag{2-21}$$

$$ix = \text{Int}\left(\frac{x - x_{\min}}{2r}\right) \tag{2-22}$$

$$iy = \text{Int}\left(\frac{y - y_{\min}}{2r}\right) \tag{2-23}$$

其中，$x_{\min}$，$x_{\max}$，$y_{\min}$，$y_{\max}$ 分别是矩形区域的四个边界。这样，所有颗粒集合 $\mathbf{E}_p = \{0, 1, 2, \cdots, N-1\}$ 就可以映射到正方形网格的集合 $\mathbf{C}$

$$\mathbf{C} = \begin{cases} (0, 0), & (0, 1), & (0, ncely-1) \\ (1, 0), & (1, 1), & (1, ncely-1) \\ (ncelx-1, 0), & (ncelx-1, 1), & \cdots & (ncelx-1, ncely-1) \end{cases} \tag{2-24}$$

　　为了节约内存，采用链表结构来存放数据。首先，对所有颗粒循环一次，根据颗粒的 y 坐标，把颗粒映射到链表 Y_{iy}。该链表由两个数组形成，一个是 $heady$ 数组，存放最后一个位于 Y_{iy} 行的颗粒标号，故 $heady$ 数组大小为 $ncely$；另一个是 $nexty$ 数组，对于任意一个颗粒，该数组存放位于该颗粒相同行的相邻颗粒标号，故 $nexty$ 数组大小为 N。这两个数组最终都以 -1 来标记结束。此外，若网格没有颗粒，也用 -1 来标记。比如，若颗粒 0，4，5，6，7 都位于第二行，则 $heady[2] = 7$，$nexty[7] = 6$，$nexty[6] = 5$，$nexty[5] = 4$，$nexty[4] = 0$，$next[0] = -1$，若第 0 行没有颗粒，则 $heady[0] = -1$。此时，Y_{iy} 标记为"新"。

　　其次，对所有颗粒循环，检测"新"Y_{iy}，并标记为"旧"。位于该链的每一个颗粒根据其 x 坐标映射到 (X_{ix}, Y_{iy}) 链，并标记为"新"。根据同样的方法，建立 $headx$ 和 $nextx$ 数组。至此，所有颗粒被一对一地映射在链表上。

2. 接触检测

对于某一个方形网格,只要检测与其相邻的网格就可确定颗粒的接触情况。比如,有一个颗粒被映射在网格(ix,iy)内,则只需要检测位于网格(ix,iy),$(ix-1,iy)$,$(ix-1,iy-1)$,$(ix,iy-1)$和$(ix+1,iy-1)$的颗粒与之的接触情况即可,也就是检测位于(X_{ix},Y_{iy})链表的颗粒,以及位于(X_{ix},Y_{iy}),(X_{ix-1},Y_{iy}),(X_{ix-1},Y_{iy-1}),(X_{ix},Y_{iy-1})和(X_{ix+1},Y_{iy-1})链表的颗粒的接触情况。

因此,为了保证(X_{ix},Y_{iy})只与相邻行的颗粒单独对应,建立$headsx$数组,该数组是二维数组,大小为$2ncelx$。比如,$headsx[2][ncelx]$,其中,数组$headsx[0]$对应于单一链表(X_{ix},Y_{iy}),而数组$headsx[1]$对应于单一链表(X_{ix},Y_{iy-1})。

3. 执行流程

根据以上简述,NBS 的执行流程如下:

(1) 对所有颗粒循环

{

 计算各个颗粒的坐标,得到 ix 和 iy

 把当前颗粒放入 Y_{iy} 链表

 把 Y_{iy} 链表标记为"新"

}

(2) 对所有颗粒循环

{

 如果颗粒属于"新"链表 Y_{iy}

 {

  标记 Y_{iy} 链表为"旧"

(3) 对 Y_{iy} 链表的颗粒循环

{

把当前颗粒放入(X_{ix}, Y_{iy})链表

标记(X_{ix}, Y_{iy})链表为"旧"

}

（4）对Y_{iy-1}链表的颗粒循环

{

把当前颗粒放入(X_{ix}, Y_{iy-1})链表

}

（5）对Y_{iy}链表的颗粒循环

{

如果颗粒属于"新"链表(X_{ix}, Y_{iy})

{

标记(X_{ix}, Y_{iy})链表为"旧"

碰撞检测,位于(X_{ix}, Y_{iy})链表的颗粒与其他位于

(X_{ix}, Y_{iy})、(X_{ix-1}, Y_{iy})、(X_{ix-1}, Y_{iy-1})、(X_{ix}, Y_{iy-1})和

(X_{ix+1}, Y_{iy-1})链表的颗粒

}

}

（6）对Y_{iy}链表的颗粒循环

{

移除(X_{ix}, Y_{iy})链表,比如设定$headsx[0][ix]=-1$

}

（7）对Y_{iy-1}链表的颗粒循环

{

移除(X_{ix}, Y_{iy-1})链表,比如设定$headsx[1][ix]=-1$

}

}

}

(8) 对所有颗粒循环

{

　　移除 Y_{iy} 链表,比如设定 $heady [iy] = -1$

}

2.4　程序编制

2.4.1　颗粒组合体的生成

　　用计算机模拟产生满足一定分布规律(空间几何位置、级配及形状等),一定边界条件和一定数目的颗粒组合体是进行离散单元法分析的第一步。本书采用同一半径的球形颗粒,假设空间几何位置为随机分布,在容器内产生一定数量的颗粒之后,在仅有重力的作用下自由下落、堆积,从而形成计算的初始状态。程序框图如图 2-4 所示。

2.4.2　球单元离散单元法程序设计

　　建立了球状散体元模型之后,就可以采用离散单元法进行颗粒阻尼器力学性能的计算机仿真研究。首先,判断颗粒之间,颗粒与容器壁之间的相对位置,若 $\delta_n > 0$,作用在颗粒上的接触力可以通过式(2-1)和式(2-2)求得,若 $\delta_n \leqslant 0$,则无接触力;其次,对作用在一个颗粒上的所有的接触力求和,包括颗粒之间的接触力和颗粒与容器壁的接触力;再次,颗粒的运动可以通过式(2-3)求得;以上过程对所有的颗粒顺次进行;最后,对所有颗粒与容器壁上的接触力累加,就得到容器壁受到的接触力合力,这个合力即为每个时步作用在主体系统上的合力;再对主体系统的动力方程求解就可以得到系统的响应。程序框图如图 2-5 所示[138]。

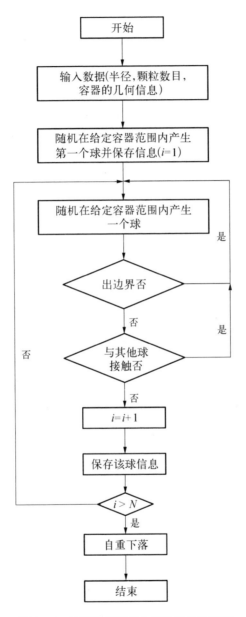

图 2－4　计算机模拟产生颗粒组合体框图

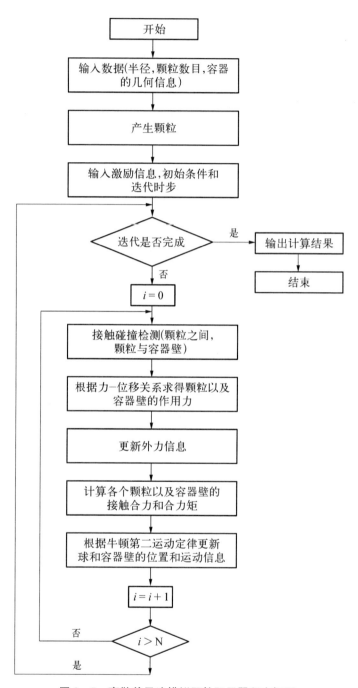

图 2-5 离散单元法模拟颗粒阻尼器程序框图

2.5　本　章　小　结

　　本章根据颗粒阻尼器的具体特点,采用球状离散单元法建立模型,法向采用线性接触力模型,切向采用库仑摩擦力模型,合理确定各个计算参数,并应用便捷的接触检测算法,开发了在一定形状边界内模拟产生颗粒组合体的程序和用于进行颗粒阻尼器参数研究和性能分析的程序。

第 3 章

颗粒阻尼器球状离散元数值模型验证

第 2 章建立了模拟颗粒阻尼器的球状离散元模型,本章对其正确性进行验证,以便为后面几章的分析奠定基础。一般采用两种方法来验证程序,一种是理论上的极限情况的验证,即程序的计算结果应该符合逻辑常识;另一种是与现实世界的模型来比较,通常采用实验方法进行。

3.1 理想试验验证

本书实施了一系列假想试验,试验情况摘要如下。

3.1.1 试验 1:竖向法向弹性力

为了测试颗粒与容器壁的碰撞情况,本试验模拟颗粒在重力作用下自由下落,撞击在容器的底面之后反弹的情况,切向力和阻尼均设为零。为了测试颗粒之间作用力的情况,实施同样的试验,只是把一个静止的颗粒放在之前容器底面的位置,如图 3-1(a)所示。

由于颗粒从相同高度下落,两个情形的计算结果是一致的,如图 3-

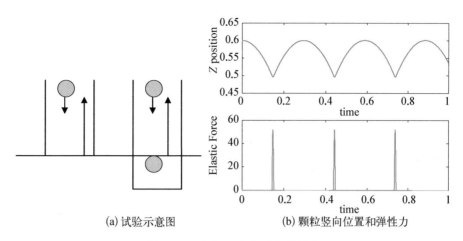

(a) 试验示意图　　　　　　(b) 颗粒竖向位置和弹性力

图 3-1　试验 1：竖向法向弹性力

1(b)所示,下落颗粒由于能量守恒,反弹到原来高度,而且法向弹性力在碰撞的时候达到最大。此外,颗粒在 x-y 平面没有运动,也没有旋转产生。

3.1.2　试验 2：水平法向弹性力

本试验与试验 1 基本相同,颗粒在水平面具有沿着 x 向的初始速度,与容器壁来回碰撞,如图 3-2(a)所示。重力、切向力和阻尼力均设为零。

从图 3-2(b)可见,颗粒在容器壁之间来回运动。因为没有能量耗散,来回的运动速率相同,碰撞力在接触瞬间达到最大值,且数值保持一定。此外,颗粒在 y-z 平面没有运动,也没有旋转产生。

3.1.3　试验 3：法向阻尼力

本试验与试验 1 基本相同,只是考虑了法向阻尼力,临界阻尼系数采用 0.3。试验示意图如图 3-3(a)所示。

由图 3-3(a)可见,颗粒反弹的时候,由于阻尼的存在,不能达到原来的高度,且逐次递减直到最终达到静力平衡。由图 3-3(c)可见,颗粒碰撞

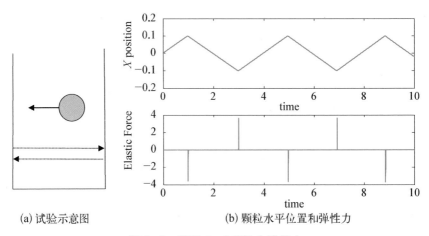

(a) 试验示意图　　　(b) 颗粒水平位置和弹性力

图 3‑2　试验 2：水平法向弹性力

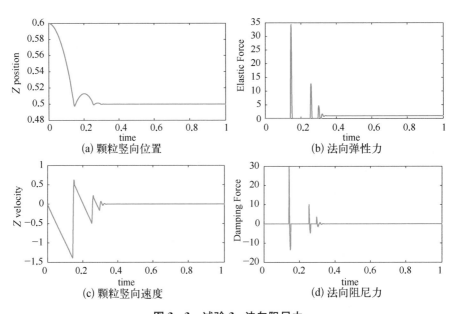

(a) 颗粒竖向位置　　　　　　　(b) 法向弹性力

(c) 颗粒竖向速度　　　　　　　(d) 法向阻尼力

图 3‑3　试验 3：法向阻尼力

后的速度小于碰撞前的速度，逐次减小直至静止。同样的，法向弹性力和阻尼力均随着碰撞的发生而依次减小，直至静止状态。由于存在重力，法向弹性力最终并没有减小到零，而是保持在与重力平衡的水平，如图 3‑3（b）、(d)所示。此外，颗粒在 x‑y 平面没有运动，也没有旋转产生。

3.1.4　试验4: 法向阻尼力和堆叠

本试验与试验3基本相同,只是采用从不同高度同时下落的两个颗粒,它们的初始速度为零,示意图如图3-4(a)所示。

图3-4(b)显示了两个球的最终状态,即位置较高的球堆叠在位置较低的球上面,形成柱状。低位置的球与容器底面的间距是颗粒半径,而两个球之间的间距为两个球的半径之和,如图3-4(c)所示。该图描述了两个颗粒的位置时程曲线,也再一次验证了颗粒之间法向作用力模型。

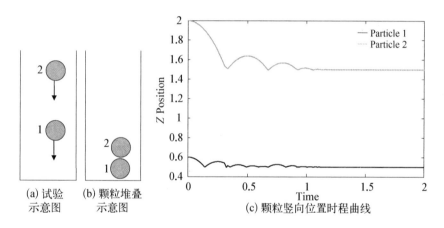

(a) 试验示意图　(b) 颗粒堆叠示意图　(c) 颗粒竖向位置时程曲线

图3-4　试验4: 法向阻尼力和堆叠

3.1.5　试验5: 颗粒同时碰撞两个颗粒(容器壁)

本试验是为了测试一个颗粒与其他两个静止颗粒(容器壁)同时碰撞的情况。颗粒1位于正方形容器的中心,具有同样大小的 x 向和 y 向的初始速度,颗粒2和颗粒3分别相邻于颗粒1的东侧和北侧,如图3-5(a)示。

在运动初始,颗粒1与颗粒2、颗粒3同时碰撞,然后反向沿着西南方向运动,直到与南边和西边的容器壁同时接触。经过这次和两面壁的同时碰撞以后,该颗粒又反向沿着东北方向,即原路返回。所以,颗粒1的轨迹是一条沿着容器对角方向的直线,如图3-5(b)所示。

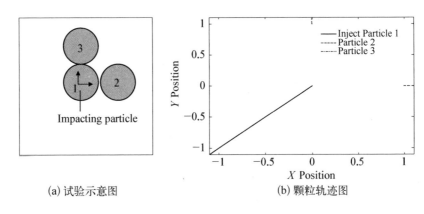

(a) 试验示意图   (b) 颗粒轨迹图

图3-5　试验5:颗粒同时碰撞两个颗粒(容器壁)

3.2　振动台试验验证

3.2.1　单单元多颗粒阻尼器的振动台试验验证

Saeki[108]在2002年做了单单元多颗粒阻尼器的振动台试验。上百个球形颗粒放置在一个矩形容器里面,把这个装置附着在一个单自由度主体系统上,对基底施加水平谐波激励,试验计算模型如图3-6所示。

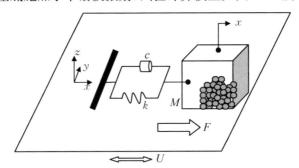

图3-6　单单元多颗粒阻尼器振动台试验计算模型示意图

图 3-7 所示为试验结果与仿真计算结果的无量纲曲线,横坐标是频率比,其中 f_n 是主体系统的自振频率,纵坐标是主体系统位移响应的均方根与简谐激励振幅的比值,计算参数如表 3-1 所示。从图 3-7 可知,计算结果与试验结果吻合良好。

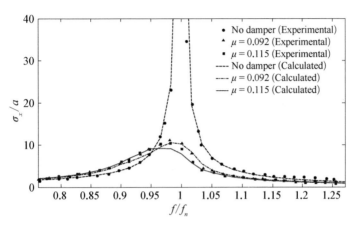

图 3-7　单自由度主体结构附加单元多颗粒阻尼器的试验与仿真结果对比

表 3-1　图 3-7 和图 3-9 的系统计算参数值

参　　数	图 3-7	图 3-9
容器单元数目	1	5
颗粒总数	$200(\mu = 0.092)$; $250(\mu = 0.115)$	$192 \times 5(\mu = 0.098)$
颗粒直径(m)	0.006	0.006
颗粒密度(kg/m³)	1 190	1 190
填充率	$0.27(\mu = 0.092)$; $0.34(\mu = 0.115)$	$0.26(\mu = 0.098)$
摩擦系数	0.52	0.52
主体结构临界阻尼比	0.002 7	0.006 5
阻尼器的临界阻尼比	0.1	0.1
颗粒间弹簧刚度(N/m)	1.0×10^5	1.0×10^5
颗粒与容器壁弹簧刚度(N/m)	1.3×10^5	1.3×10^5
正弦激励振幅(m)	0.000 5	0.000 5

3.2.2 多单元多颗粒阻尼器的振动台试验验证

Saeki[76]在2005年又进行了多单元多颗粒阻尼器的振动台试验。上千个球形颗粒分别均匀放置在五个位置对称的完全相同的圆柱体容器内,并把这个装置附着在一个单自由度主体系统上面,同样在基底施加谐波激励,试验计算模型如图3-8所示。图3-9所示为试验结果和仿真结果的曲线,两者吻合良好。计算参数如表3-1所示。

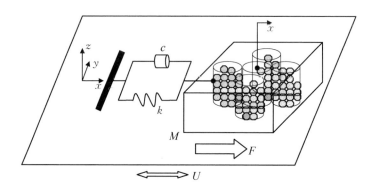

图3-8 多单元多颗粒阻尼器振动台试验计算模型示意图

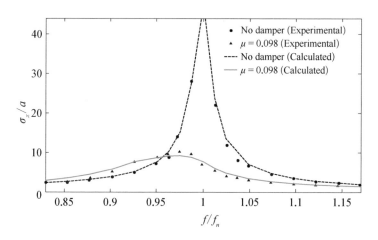

图3-9 单自由度主体结构附加多单元多颗粒阻尼器的
试验与仿真结果对比

本书第 7 章将详细介绍一个附加长方体多单元多颗粒阻尼器的三层钢框架的模型振动台试验,并进一步验证数值模型。

3.3　本　章　小　结

通过一系列理想试验和振动台试验的验证,说明第 2 章中建立的颗粒阻尼器球状离散元模型是合理正确的,数值仿真结果不但符合假想试验的逻辑,而且与振动台试验的结果具有很好的一致性。这为进一步进行颗粒阻尼器的参数分析和性能优化设计提供了一种理论方法,也为该装置的工程应用提供了一种计算途径。

第4章

单自由度体系附加颗粒阻尼器的性能分析

在第2章和第3章中建立的颗粒阻尼器的数值模型的基础上,从本章开始,按照由浅入深、由简单到复杂、由主体结构单自由度到多自由度的顺序,探讨不同结构附加颗粒阻尼器(包括其变体)在不同激励下的性能。本章首先推导单自由度体系附加单颗粒冲击阻尼器在简单激励下的解析解,其次介绍颗粒阻尼器的竖向动力特性,最后系统考察颗粒阻尼器在水平简谐激励下的参数影响。

4.1 单自由度体系附加单颗粒冲击 阻尼器的解析解

4.1.1 计算模型

根据1.3.1节中的讨论,单颗粒阻尼器根据单元数量的多少,分为单单元单颗粒阻尼器和多单元单颗粒阻尼器(计算模型如图4-1所示),这种类型的阻尼器只存在颗粒与容器壁的碰撞,不存在颗粒之间的相互碰撞,分析起来相对简单,因而可以得到其在简单激励下的解析解。

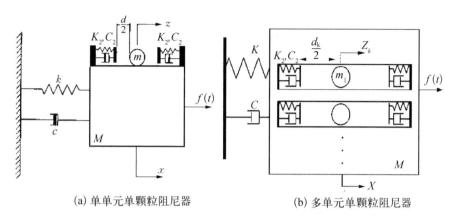

(a) 单单元单颗粒阻尼器   (b) 多单元单颗粒阻尼器

图 4-1 单自由度主体结构附加单颗粒阻尼器的计算模型

事实上,单单元单颗粒阻尼器可以看作为多单元单颗粒阻尼器的一种特殊形式,下面以多单元单颗粒阻尼器来讨论其控制方程

$$\ddot{x} = -2\zeta\omega_n\dot{x} - \omega_n^2 x + \frac{f(t)}{M} + \sum_{k=1}^{N}(\mu_k[\omega_2^2 G(z_k)$$

$$+ 2\zeta_2\omega_2 H(z_k, \dot{z}_k) + \mu_s g \operatorname{sgn}(\dot{z}_k)]) \qquad (4-1)$$

$$\ddot{z}_k = -\ddot{x} - [\omega_2^2 G(z_k) + 2\zeta_2\omega_2 H(z_k, \dot{z}_k) + \mu_s g \operatorname{sgn}(\dot{z}_k)],$$

$$k = 1, 2, \cdots, N$$

式中,ω 是单颗粒阻尼器的尺寸,也是颗粒自由滑动的行程(gap clearance),x,$\dot{x}$,$\ddot{x}$ 分别是主系统的位移,速度和加速度,z_k,$\dot{z}_k$,$\ddot{z}_k$ 分别是第 k 个颗粒与主系统的相对位移,相对速度和加速度,$f(t)$ 是外界激励,M 是主系统的质量,μ_k 是第 k 个颗粒与主系统的质量比,μ_s 是摩擦系数,g 是重力加速度,sgn 是符号函数,$G(z_k)$,$H(z_k, \dot{z}_k)$ 分别是单颗粒阻尼器的非线性弹簧力和非线性阻尼力的函数,如图 4-2 所示。

4.1.2 解析解法

由于单颗粒阻尼器的非线性弹簧力和非线性阻尼力函数均分为两个

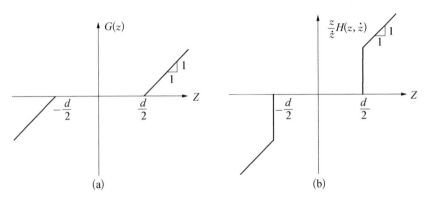

图 4-2 (a) 非线性弹簧力函数 $G(z)$；(b) 非线性阻尼力函数 $H(z, \dot{z})$

阶段,因此,式(4-1)也划分为两个阶段来求解。假设外界激励为正弦激励,且忽略摩擦力的影响,在两次相邻碰撞之间的运动方程为

$$M\ddot{x} + c\dot{x} + kx = F_0 \sin \Omega t \tag{4-2}$$

$$\ddot{y}_k = 0, \ k = 1, 2, \cdots, N$$

式中,y 是颗粒的位移,因此,相对位移 $z = y - x$。假设在 $t = t_i$ 时刻,完成了第 i 次碰撞,此时

$$x(t_i) = x_i, \ \dot{x}(t_{i+}) = \dot{x}_{ia}, \ y_k(t_i) = y_{ki}, \ \dot{y}_k(t_{i+}) = \dot{y}_k, \ k = 1, 2, \cdots, N$$

从而可以求得系统在时间间隔 t_{i+} 到 $t_{(i+1)-}$ 的运动:

$$
\begin{aligned}
x(t) = {} & e^{-(\zeta/r)(\Omega t - \alpha_i)} \big[a_i \sin(\eta/r)(\Omega t - \alpha_i) + b_i \cos(\eta/r)(\Omega t - \alpha_i) \big] \\
& + A \sin(\Omega t - \psi)
\end{aligned}
$$

$$
\begin{aligned}
\dot{x}(t) = {} & \omega e^{-(\zeta/r)(\Omega t - \alpha_i)} \big[-(\zeta a_i + \eta b_i) \sin(\eta/r)(\Omega t - \alpha_i) \\
& + (\eta a_i - \zeta b_i) \cos(\eta/r)(\Omega t - \alpha_i) \big] + A\Omega \cos(\Omega t - \psi)
\end{aligned} \tag{4-3}
$$

$$y_k(t) = \dot{y}_{ki}(t - t_i) + y_{ki}$$

$$\dot{y}_k(t) = \dot{y}_{ki}, \ k = 1, 2, \cdots, N; \ t_{i+} \leqslant t \leqslant t_{(i+1)-}$$

其中,

$$\zeta = c/2\sqrt{kM}, \ r = \Omega/\omega, \ \omega = \sqrt{k/M}, \ \alpha_i = \Omega t_i,$$

$$A = \frac{F_0/k}{\sqrt{(1-r^2)^2 + (2\zeta r)^2}}, \ \psi = \arctan[2\zeta r/(1-r^2)],$$

$$b_i = x_i - A\sin(\alpha_i - \psi), \ \eta = \sqrt{1-\zeta^2},$$

$$a_i = (1/\eta)[(1/\omega)\dot{x}_{ia} - Ar\cos(\alpha_i - \psi) + \zeta b_i]。$$

当某一个颗粒(假设是第 j 颗粒)碰到容器壁的时候,第 $(i+1)$ 次碰撞产生,此时,系统进入第二个阶段

$$| z_j | = | y_j - x | = d_j/2 \tag{4-4}$$

即在 $t = t_{i+1}$ 时刻,

$$
\begin{aligned}
&x(t_{(i+1)+}) = x(t_{(i+1)-}), \\
&y_k(t_{(i+1)+}) = y_k(t_{(i+1)-}), \ k = 1, 2, \cdots, N \\
&\dot{y}_k(t_{(i+1)+}) = \dot{y}_k(t_{(i+1)-}), \ k = 1, 2, \cdots, N; \ k \neq j
\end{aligned}
\tag{4-5}
$$

根据动量守恒定律和恢复系数的定义,可以得到

$$
\begin{aligned}
&\dot{x}_+ = k_{1j}\dot{x}_- + k_{2j}\dot{y}_{j-} \\
&\dot{y}_{j+} = k_{3j}\dot{x}_- + k_{4j}\dot{y}_{j-}
\end{aligned}
\tag{4-6}
$$

其中,

$$\mu_j = m_j/M, \ k_{1j} = (1-\mu_j e_j)/(1+\mu_j), \ k_{2j} = \mu_j(1+e_j)/(1+\mu_j),$$

$$k_{3j} = (1+e_j)/(1+\mu_j), \ k_{4j} = (\mu_j - e_j)/(1+\mu_j),$$

$$e_j = 颗粒 j 的恢复系数。$$

式(4-5)和式(4-6)可以作为式(4-2)在时间间隔 $t_{(i+1)+}$ 和 $t_{(i+2)-}$ 之间的新的初始条件。以上两个过程重复顺次使用,就可以求得颗粒阻尼器系统在全时间历程下的运动形态。

Masri 的研究[96]指出,当系统达到稳态振动时,若各个颗粒在每个周期内与容器碰撞两次,则系统是稳定的,且这时候的减振效果最优。此外,相比于单单元单颗粒阻尼器,多单元单颗粒阻尼器能够大大减小颗粒与容器的碰撞力,从而减小容器壁的塑性变形,并降低噪声,如图 4-3 所示。

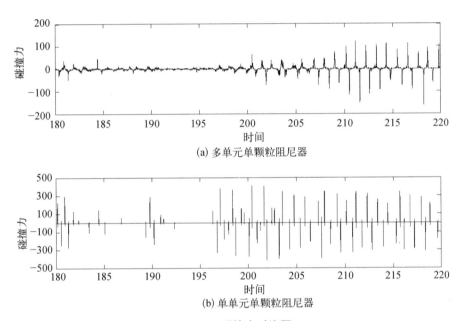

(a) 多单元单颗粒阻尼器

(b) 单单元单颗粒阻尼器

图 4-3 碰撞力对比图

4.2 单自由度体系附加竖向颗粒
阻尼器的自由振动

竖向颗粒阻尼器与水平颗粒阻尼器的最大区别在于重力作用,有其自身的运动特点,本节就其自由振动形式来考察该类阻尼器内颗粒的运动特点。Friend[90] 在 2000 年把一个装有金属颗粒的盒子固定在一根梁的端部，并做了相应的试验。主系统的自振频率为 17.8 Hz，质量为 0.037 6 kg，临界阻尼比为 0.012，摩擦系数为 0.55，每个颗粒直径为 1.2 mm，恢复系数为 0.75，共计 512 个颗粒，总质量为 0.004 kg。

图 4-4 所示为主系统在初始位移（A_0）下的自由振动位移曲线，位移（Z）除以其静止状态下的初始变形（Z_{st}）得以无量纲化。从图 4-4 可见，由于竖向颗粒阻尼器的存在，主系统的瞬态振动急剧减小，等效阻尼比从 0.012 增大到 0.048，翻了两番。此外，由于质量的增加，使主系统的自振频率变小。

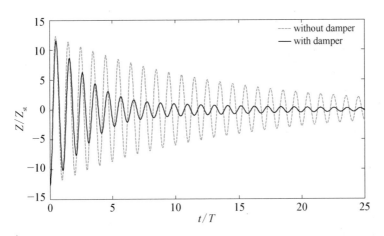

图 4-4　附加竖向颗粒阻尼器的主系统自由振动位移时程曲线。系统参数为：$\mu = 0.1$, $\zeta = 0.012$, $\mu_s = 0.55$, dx/$Z_{st} = 9$, dy/$Z_{st} = 9$, dz/$Z_{st} = 32$, $d/Z_{st} = 1.5$, $e = 0.75$, $A_0/Z_{st} = 13$

图 4-5 所示为整个系统运动过程的快照，示意了自由振动中阻尼产生的过程[107]。第一个阻尼过程大致处于 0.0～0.05 s，阻尼器的容器壁碰撞颗粒，并把主系统的动量传递给颗粒；最明显的阻尼作用在第二个过程中产生，不仅源于颗粒与容器的大量碰撞，也源于碰撞和摩擦中耗散的机械能量；这之后，进入第三个阶段，颗粒在重力作用下在容器底部堆积，只产生微小的阻尼作用。

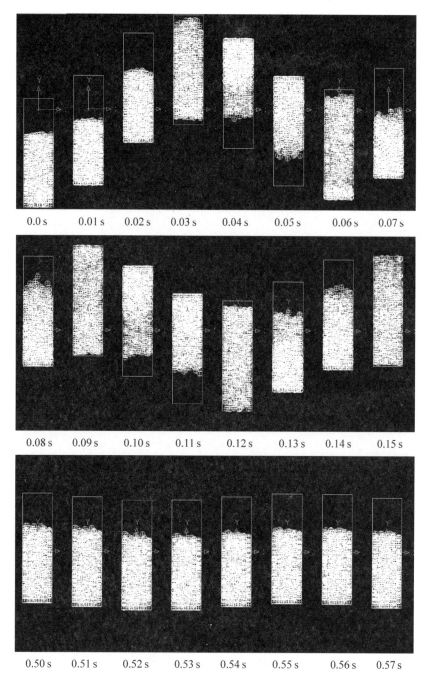

| 0.0 s | 0.01 s | 0.02 s | 0.03 s | 0.04 s | 0.05 s | 0.06 s | 0.07 s |

| 0.08 s | 0.09 s | 0.10 s | 0.11 s | 0.12 s | 0.13 s | 0.14 s | 0.15 s |

| 0.50 s | 0.51 s | 0.52 s | 0.53 s | 0.54 s | 0.55 s | 0.56 s | 0.57 s |

图 4-5　自由振动中颗粒阻尼器的运动快照，系统参数同图 4-4

不仅可以用图 4-4 所示的方法示意颗粒阻尼的效果,也可以用附加与未附加阻尼器的主系统位移的均方根响应之比(σ_z/σ_{z0})来考察振动控制的效果,这是随机过程里面很常用的一种方法,也是颗粒阻尼效果的另一种反应。图 4-6(a)和图 4-6(b)分别显示了颗粒阻尼受初始振幅和容器尺寸的影响,可见这种阻尼具有高度非线性,且受很多因素的影响。此外,在这两种情况下,也都能够找到一个最优策略,在该策略下,颗粒阻尼作用最大,减振效果最好。由此可见,合理设计的竖向颗粒阻尼器能很好地产生振动控制的效果。当然了,除了振幅和容器尺寸两个因素,还有很多其他的参数对阻尼器的性能有影响,将在后续章节里面详细讨论。

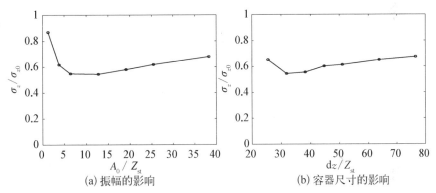

(a) 振幅的影响　　　　　　　(b) 容器尺寸的影响

图 4-6　主系统自由振动位移的均方根响应,系统参数同图 4-4

4.3　单自由度体系附加水平颗粒阻尼器的简谐振动

本节主要讨论单自由度系统附加颗粒阻尼器在水平简谐激励下的系统响应,研究各个系统参数的影响,包括容器尺寸、颗粒数目(N)、大小(d)和材料、颗粒与主系统的质量比(μ)和外界激励频率等,计算模型示意图如图 3-6 所示。在数值模拟中,主体结构的自振频率为 11.4 Hz,质量为

0.573 kg,计算时间超过主系统自振周期的 250 倍以消除瞬态振动的影响,颗粒的初始位置正态随机分布。用附加与未附加阻尼器的主系统位移响应的均方根之比 (σ_x/σ_{x0}) 来衡量减振效果。

颗粒与容器壁的碰撞,依据碰撞前两者的速度方向可以分为以下三种类型:

(1)颗粒与容器壁的绝对速度相反,即正面碰撞。

(2)颗粒与容器壁的绝对速度相同,但是颗粒相对于主体结构的速度与之相反,即主体结构追赶上颗粒并与之碰撞。

(3)颗粒与容器壁的绝对速度相同,且颗粒相对于主体结构的速度与之也相同,即颗粒追赶上主体结构并与之碰撞。

碰撞类型(1)和(2)能够减小主体结构的响应,因为碰撞力与主体结构的运动方向相反,会阻止其运动,这种碰撞类型是"有用碰撞(Beneficial Impact)",相应的动量交换定义为"有用动量交换(Beneficial Momentum Exchange)",另一方面,碰撞类型(3)会增大主体结构的响应,加速其运动,这种碰撞类型是"有害碰撞(Adverse Impact)",相应的动量交换定义为"有害动量交换(Adverse Momentum Exchange)"。引入"有效动量交换(Effective Momentum Exchange,EME)"的概念("有效动量交换"="有用动量交换"-"有害动量交换")来表示两者的共同效应。从下文的讨论中,将可以看到该量在表征阻尼器的物理本质中的重要作用。

4.3.1　颗粒数量、大小和材料的影响

本试验保持其他参数,比如外界激励强度和质量比等不变。颗粒与主系统的质量比定义为

$$\mu = m/M = N\rho\pi d^3/(6M) \qquad (4-7)$$

式中,ρ 和 d 是颗粒的密度和直径。从而,对于给定的主系统质量 M,同时改

变 N, ρ, d 中的两个量,可以得到相同的 μ。

1. 颗粒大小和数量的影响

保持 ρ 为常量,改变 N 和 d,即在设计过程中选择少量大钢球还是数量多一些的小钢球的情况。

图 4-7 所示为一组典型计算结果。在图 4-7(a)中,三条曲线重合在一起,这是因为单颗粒时,dy 对阻尼器的性能无影响。由图 4-7(a)—(d)可见,在 dx 较小时,主体结构的均方根响应都很大,这是因为此时颗粒堆叠在一起,底层颗粒不活跃,只有顶层的颗粒在活跃运动,导致有效的动量交换很少,减小了阻尼器的效率。对中等大小的 dx,阻尼器性能对颗粒尺寸和数量较敏感。颗粒数目较多,粒径较小时,曲线较光滑,意味着减振效果对容器尺寸变化的灵敏度减小,也即系统的鲁棒性较好。当 dx 很大时,系统响应又变大,这是因为很多颗粒的能量在颗粒之间的碰撞以及颗粒与 x 轴向的容器壁碰撞过程中,无谓地消耗;此外,颗粒与容器的一端碰撞后,也需要更长的时间从该端运动到另一端产生下一次碰撞,故碰撞次数相对减少。还有一个现象值得注意,在质量比一定的情况下,相比于单颗粒阻尼器,附加较多数量颗粒的阻尼器的减振效果会稍微提高;但是就最佳减振效果而言,附加 16 个颗粒和 128 个颗粒的阻尼器并没有多大差别,也就是说,在一定数量以上,更多地增加颗粒数目并不能继续提高减振效果。Friend 和 Kinra[90] 在他们的试验中也观察到了该现象。

若计算相应的有效动量交换(EME),则以上现象能看得更加清晰,如图 4-7(e)—(h)所示。通过除以激振力的动量交换,得到无量纲化的有效动量交换(EME/ME)。在每一个工况下,较大的有效动量交换对应较小的系统响应,16 个颗粒和 128 个颗粒的峰值基本相等,相应的主体结构均方根响应的最大折减也相似。

2. 颗粒材料和大小的影响

保持 N 为常量,改变 ρ 和 d,即在设计过程中选择尺寸大的塑料颗粒还

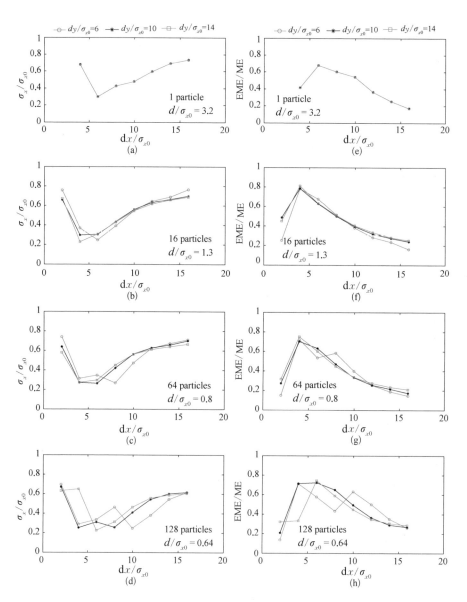

图 4-7 (a)—(d) 主系统位移的均方根响应;(e)—(h) 系统的有效动量交换,
系统参数: $\mu = 0.027$, $e = 0.75$, $\zeta = 0.004$, $\mu_s = 0.05$(颗粒数目和
尺寸的影响)

是同等数量的小钢球的情况。

图 4-8(a)的横坐标是无量纲化的容器长度 $\mathrm{d}x/\sigma_{x0}$，看上去最优长度随着颗粒尺寸的变小而变小，而且当颗粒尺寸小到一定程度以后，阻尼器的效果并不会有很大的改变。这是因为在 $d/\sigma_{x0}=3.2$ 的工况下，一个颗粒在容器内占据了很大的空间，比如在 $\mathrm{d}x$ 最小时，颗粒直径和容器长度之比 $(d/\mathrm{d}x)$ 是 0.8，即使在 $\mathrm{d}x$ 最大的时候，两者之比也有 0.2。如果以"名义净距 $[(\mathrm{d}x-d)/\sigma_{x0}]$"作为横坐标来画图，不同的颗粒尺寸对阻尼器的减振效果影响并不大[图 4-8(b)]。这说明对于给定的质量比，颗粒阻尼作用对颗粒的材料和尺寸的变化并不敏感。Friend 和 Kinra[90] 在他们的试验中也观察到了该现象。

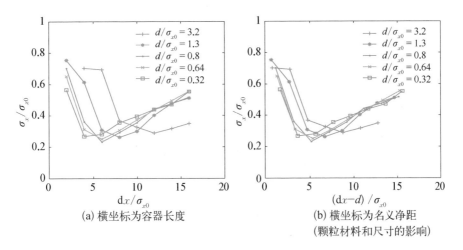

(a) 横坐标为容器长度　　　　　(b) 横坐标为名义净距
　　　　　　　　　　　　　　　　　（颗粒材料和尺寸的影响）

图 4-8　主系统位移的均方根响应，系统参数：$\mu=0.027$，$e=0.75$，$\zeta=0.004$，$\mu_s=0.05$，$N=16$

3. 颗粒材料和数量的影响

保持 d 为常量，改变 ρ 和 N，即在设计过程中选择数量较多的塑料颗粒还是数量较少的钢球的情况。

由图 4-9(a)可见，对于小尺寸的容器，附加较多数量颗粒的阻尼器的系统响应大于附加较少数量颗粒的阻尼器的系统响应。原因在于，颗粒数量较多时,它们会堆积在一起,形成好几层,而最下面几层的颗粒很少运动。然而,对于大尺寸的容器,两者的效果正好相反。因为在该工况下,单个颗粒与容器壁完成一次碰撞后,需要用较长的时间运动到另一端容器壁产生下一次碰撞,从而减少了碰撞次数。增加颗粒数量能够增加颗粒与容器的碰撞概率,所以,容器的最优长度区间和阻尼器的减振效果都得到增强。

图 4 - 9(b)所示为相应的体积填充率(体积填充率定义为所有颗粒的体积之和与容器体积的比值)。由图可见,该比值总体来说都较小,这是因为数值模拟的时候,取用了较大的 dz,以消除颗粒碰撞到容器顶部的影响。能够发现对于单颗粒和两个颗粒的情况,容器尺寸较小的时候,两者的体积填充率特别小,这就是它们的减振效果比 128 个颗粒的阻尼器的减振效果要好的原因。事实上,128 个颗粒在容器尺寸较小的时候,堆积成 3 层。

以上结果清晰说明在质量比不变的情况下,颗粒数量对颗粒阻尼器的性能影响很大。使用更多数量的颗粒,即使最佳减振效果不能提高,最佳

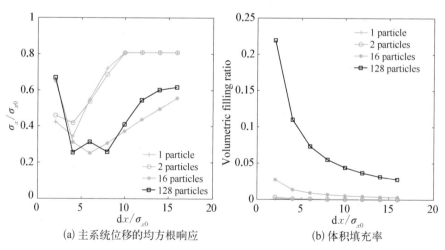

(a) 主系统位移的均方根响应   (b) 体积填充率

图 4 - 9   系统参数:$\mu = 0.027$, $e = 0.75$, $\zeta = 0.004$, $\mu_s = 0.05$,
$d/\sigma_{x0} = 0.64$(颗粒材料和数量的影响)

容器尺寸的选择范围也能够扩大。另一方面,颗粒的材料和尺寸对主系统响应的影响不是很明显。

4.3.2 容器尺寸的影响

沿着激励方向的容器长度($\mathrm{d}x$)对阻尼器的性能影响很大,对于不同的容器尺寸,主系统位移的均方根响应总会存在一个最优值[图 4 - 10(a)],相应的有效动量交换如图 4 - 10(b)所示。图 4 - 10(c)对比了有用碰撞和有害碰撞的情况,两者通过除以总的碰撞次数(包括颗粒-颗粒,颗粒-容器的碰撞)得以无量纲化。可以看到,有用碰撞和有害碰撞都只占总的碰撞次数的小部分,说明颗粒之间的相互碰撞占了很大比例。但是,就有用碰撞和有害碰撞次数之间的对比情况看,在 $\mathrm{d}x$ 很小的时候,颗粒与容器壁的

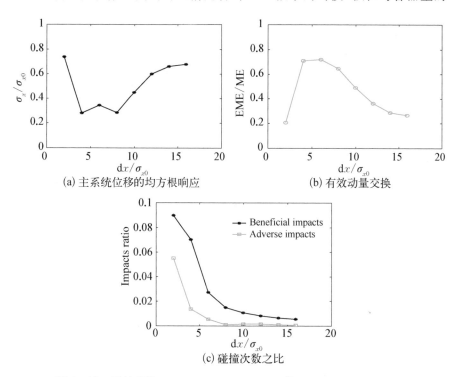

(a) 主系统位移的均方根响应   (b) 有效动量交换

(c) 碰撞次数之比

图 4 - 10 系统参数:$\mu = 0.027$, $e = 0.75$, $\zeta = 0.004$, $\mu_s = 0.05$, $d/\sigma_{x0} = 0.64$, $N = 128$(容器尺寸的影响)

碰撞次数很多,伴随着大量的有害碰撞;dx 很大的时候,虽然有害碰撞减少了,但是总的碰撞次数也大幅减少,因为颗粒无法获得足够的动量且来回碰撞需要更长的运动时间。这两种情况都导致有效动量交换在很低的水平。

4.3.3 颗粒质量比的影响

如式 4-7 所示,有三种基本方法能增加颗粒的质量比:

(1) 保持 ρ 和 d 为常量,改变 N,即保持颗粒材料和尺寸不变,使用更多的颗粒数量的情况;

(2) 保持 ρ 和 N 为常量,改变 d,即保持颗粒材料和数量不变,采用更大的颗粒的情况;

(3) 保持 d 和 N 为常量,改变 ρ,即保持颗粒尺寸和数量不变,采用更重的颗粒的情况。

如图 4-11(a) 所示,增加颗粒质量比能够减小主体系统的响应,但是响应的折减幅度并不是随着质量比线性增加;图 4-11(b) 所示为系统参数取最优时的最小均方根响应随质量比的变化,可见单位质量的折减率随着质量比的增加是非线性减小的。而且,对于给定的质量比,三种增加质量的基本方法取得的响应折减量基本一致。

另一个值得注意的现象是一味地增加质量比并不能一直降低主系统的响应,尤其是容器尺寸较大的情形,这可以通过颗粒与系统的动量守恒来解释。当颗粒质量增大时,颗粒与容器壁碰撞后的绝对速度和相对速度都会变小,从容器一端运动到另一端产生下一次碰撞的时间间隔也变长。当颗粒质量大到某一个值,使其碰撞后的速度不足以克服摩擦力而运动到另一端产生下一次碰撞,则颗粒在摩擦力的作用下会反向运动,从而颗粒有可能在容器内来回运动而一直不与容器壁相碰。Butt[139] 在他的试验中也观察到了该现象。从图 4-11(c) 可见,有效动量交换在大尺寸容器的情

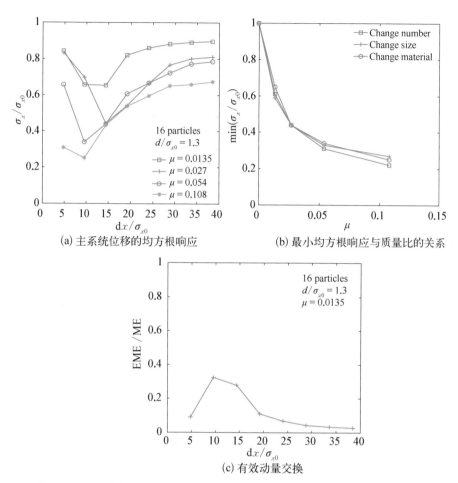

(a) 主系统位移的均方根响应　　(b) 最小均方根响应与质量比的关系

(c) 有效动量交换

图 4‑11　系统参数：$e = 0.75$，$\zeta = 0.01$，$\mu_s = 0.05$（颗粒质量比的影响）

况下降到很低的水平。

4.3.4　外界激励频率的影响

在 3.2 节中的数值模型验证部分，图 3‑7 和图 3‑9 所示说明了外界激励频率对阻尼器性能的影响。从这两个图都能看到，当外界激励频率接近于和大于主体结构的自振频率时，颗粒阻尼器能够在较宽的频率段上抑制主结构的振动响应，但是当外界激励频率远小于主体结构的自振频率时,阻尼器反而会产生一定的响应放大作用。此外,附加颗粒阻尼器的结构的共振频率比未附加阻尼器的结构要小,这是因为前者的总体质量由于颗粒阻尼器的附加而增加了。

4.4 本章小结

　　单自由度体系附加单颗粒阻尼器的系统只存在颗粒与容器壁的碰撞,不存在颗粒之间的碰撞,因此在简单激励(如正弦激励)下可以分两阶段依次求得系统的解析解。理论研究指出,当各个颗粒符合每个周期与容器壁碰撞两次的运动规律时,整个系统稳定且性能最优。相比于单单元单颗粒阻尼器,多单元单颗粒阻尼器能够大大减小颗粒与容器的碰撞力,并降低噪声。

　　由于重力场的存在,竖向颗粒阻尼器的动力性能有其特点。在自由振动的过程中,颗粒阻尼分三个阶段作用于主结构,尤其以第二阶段的阻尼效果最为显著。

　　颗粒阻尼器的减振效果受到很多系统参数的影响。增加颗粒数量能够减小整个系统响应对容器尺寸变化的敏感性,颗粒的材料和尺寸对主系统响应的影响不是很明显,增加颗粒质量能够提高系统的减振效果,当外界激励的频率接近或者大于主系统自振频率的时候,附加很小质量的颗粒阻尼器就能产生较好的控制效果。颗粒阻尼器产生作用的时候,内部颗粒的运动极其复杂,而有效动量交换可以作为一个宏观量,来表征颗粒阻尼器的物理本质,有助于更好地了解该装置的动力性能。

第**5**章

双自由度体系附加颗粒阻尼器的性能分析

第 4 章进行了单自由度体系附加颗粒阻尼器的性能分析,着重强调了单个方向自由振动和简谐振动的情况,系统在其他方向的刚度设为无穷大。在此基础上,本章将着重分析该系统在双向随机激励作用下的动力性能。由于内部颗粒的互相碰撞,会使系统在两个方向的运动产生耦合,这是本章详细讨论的内容。

5.1 不同特性随机激励下的性能分析

双自由度体系附加颗粒阻尼器的计算模型示意图如图 5-1 所示,动力控制方程为

$$
\begin{aligned}
M\ddot{x} + kx + c\dot{x} &= F_x + f_x \\
M\ddot{y} + ky + c\dot{y} &= F_y + f_y
\end{aligned}
\tag{5-1}
$$

或者写成

$$
\begin{aligned}
\ddot{x} &= -\omega_n^2 x - 2\zeta\omega_n\dot{x} + (F_x + f_x)/M \\
\ddot{y} &= -\omega_n^2 y - 2\zeta\omega_n\dot{y} + (F_y + f_y)/M
\end{aligned}
\tag{5-2}
$$

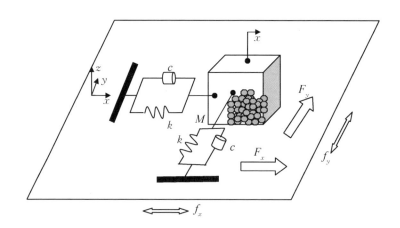

图 5 - 1 双自由度体系附加颗粒阻尼器的计算模型示意图

式中，F_x 和 F_y 是所有颗粒对容器的碰撞力，f_x 和 f_y 是外界激励。

在数值模拟试验中，主系统参数与 4.3 节相同，x 方向和 y 方向的刚度相同，随机激励采用符合高斯分布的宽带白噪声，频率带宽为 0～50 Hz。

5.1.1　单向稳态随机激励

本节对系统施加沿着 x 方向的稳态随机激励。图 5 - 2 所示为不同容器尺寸下的系统均方根位移响应的时程曲线。可以看出，当运动时间超过主系统自振周期的 1 000 倍以后，系统达到稳定状态，所以之后的计算均采用这个时间长度。采用合适的容器尺寸，阻尼器能够达到最佳的振动控制效果。系统主要沿着 x 方向运动，在与其垂直的 y 方向上的运动很小。这是因为系统主要是受到 x 方向的激振，尽管颗粒之间的斜向碰撞会导致颗粒沿着 y 方向运动，并进而与该方向上的容器壁相碰，但是由于这些运动都是随机的，且很多作用效果互相抵消了（部分颗粒朝＋y 方向运动，部分颗粒朝－y 方向运动），所以颗粒与该方向的容器壁的有效碰撞很少，有效动量交换量也就很低。

对于颗粒与容器壁的碰撞力 F_x 和 F_y，他们有不同的性质。图 5 - 3 示

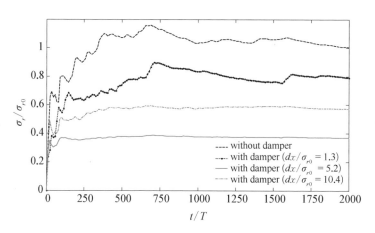

图 5 - 2　主系统位移幅值($\sqrt{x^2 + y^2}$)的均方根响应时程曲线,系统参数:$\mu = 0.108$, $e = 0.75$, $\zeta = 0.004$, $\mu_s = 0.5$, $dy/\sigma_{r0} = 3.9$, $d/\sigma_{r0} = 0.8$, $N = 16$,施加 x 向的稳态随机激励

意了一段典型时间内的碰撞力,通过除以该段时间内的碰撞力的最大值得以无量纲化。图 5 - 3(a)中,负向力表示该碰撞力作用在左侧容器壁上,正向力则是作用在右侧容器壁上;类似地,在图 5 - 3(b)中,负向力表示作用在前侧容器壁上,正向力则是作用在后侧容器壁上。通过对比两个图可以看到,F_x 比 F_y 要大,且 F_x 较大值的出现间隔大致相等,说明存在一个控制频率。把两者分别做傅里叶变换,得到图 5 - 4。从图 5 - 4(a)可见,F_x 的控制频率与主系统的自振频率相同,F_y 则不存在类似现象,其能量在整个

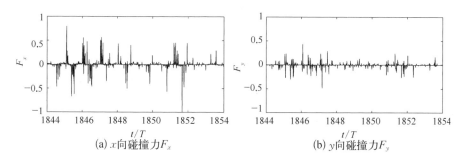

(a) x 向碰撞力 F_x　　　　(b) y 向碰撞力 F_y

图 5 - 3　颗粒与主系统的碰撞力时程曲线, 系统参数:$\mu = 0.108$, $e = 0.75$, $\zeta = 0.004$, $\mu_s = 0.5$, $dx/\sigma_{r0} = 5.2$, $dy/\sigma_{r0} = 3.9$, $d/\sigma_{r0} = 0.8$, $N = 16$,施加 x 向的稳态随机激励

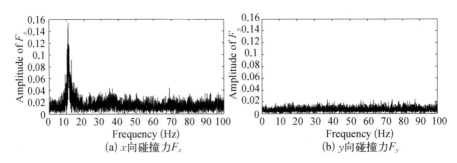

图 5‑4　颗粒与主系统的碰撞力的傅里叶变换,系统参数同图 5‑3

频带上都比较小,如图 5‑4(b)所示。

5.1.2　双向相关稳态随机激励

本节采用双向相关稳态激励,即把相同的稳态随机激励施加在系统的 x 方向和 y 方向,相当于沿着对角线方向对系统施加激励。从图 5‑5(a)可见,未附加颗粒阻尼器的主系统沿着对角线方向来回运动;由于颗粒碰撞(包括颗粒-颗粒相碰以及颗粒-容器相碰)的扰动,附加颗粒阻尼器的系统会稍微偏离对角线来回运动,但基本上还是沿着对角线方向,这主要还是受到外界激励性质的影响。此外,在该工况下,主系统的位移响应得到大幅减小,说明相比于质量调谐阻尼器(TMD),颗粒阻尼器能更有效且更经济地控制振动,因为一般情况下,质量调谐阻尼器只能沿着其安装方向减振,而颗粒阻尼器的减振方向不受其安装方向的影响。

5.1.3　双向不相关稳态随机激励

本节采用双向不相关稳态激励,即把不相关的两个稳态随机激励分别施加在系统的 x 方向和 y 方向(这两个激励基于同样的概率分布)。与上一节相应,图 5‑5(b)所示为主系统的轨迹曲线。从该图可见,由于激励性质的变化,主系统的轨迹已经产生很大变化。附加与未附加颗粒阻尼器的系统均以平衡位置为中心,轨迹基本上形成一个圆周,但是附加颗粒阻尼器的系统的圆半径明显小于未附加阻尼器的系统,说明该工况下阻尼器的减振效果很好。

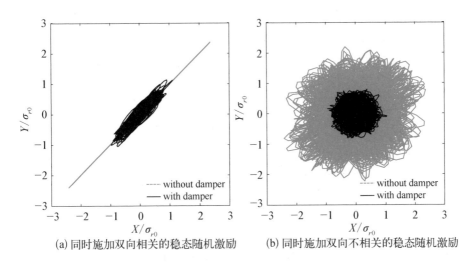

(a) 同时施加双向相关的稳态随机激励　　(b) 同时施加双向不相关的稳态随机激励

图 5 - 5　主系统的轨迹曲线,系统参数:$\mu = 0.108$, $e = 0.75$, $\zeta = 0.004$, $\mu_s = 0.5$, $dx/\sigma_{r0} = 5.1$, $dy/\sigma_{r0} = 3.8$, $d/\sigma_{r0} = 0.8$, $N = 16$

图 5 - 6 再次画出了不同容器尺寸下的系统均方根位移响应的时程曲线。可见 1 000 倍自振周期的持续时间足够让系统达到稳定状态,而且对于不同的容器尺寸,确实存在一个减振效果的最优值。

5.1.4　讨论

颗粒阻尼器在性能最优时的运动方式与其他情况下的运动方式不同。大体上,在高效减振区域,颗粒会以颗粒流的形式运动,而非随机的布朗运动,这在前面讨论的三种形式的随机激励情况下都能观察到。事实上,这与单颗粒阻尼器的最优条件[96],即各个颗粒在每个周期与容器碰撞两次的运动形式类似。在颗粒流的运动形式下,颗粒趋向于聚在一起,一块运动,所以采用互相关函数来分析颗粒阻尼器在不同条

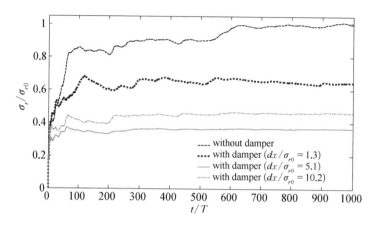

图 5-6　主系统位移幅值($\sqrt{x^2+y^2}$)的均方根响应时程曲线,系统参
数:$\mu=0.108$,$e=0.75$,$\zeta=0.004$,$\mu_s=0.5$,$dy/\sigma_{r0}=3.8$,
$d/\sigma_{r0}=0.8$,$N=16$,同时施加双向不相关的稳态随机激励

件下的性能。

　　在单向稳态随机激励作用下,任意两个颗粒的 x 向速度的互相关函数
如图 5-7(a)所示。通过除以无控系统 x 向速度的自相关函数值,可以把
该互相关函数无量纲化,具体如式(5-3)所示。

$$\bar{R}_{\dot{x}_i\dot{x}_j}(\tau)=\frac{E[\dot{x}_i(t)\,\dot{x}_j(t-\tau)]}{E[\dot{x}_{np}(t)\,\dot{x}_{np}(t)]}=\frac{\dfrac{1}{T}\int_0^T\dot{x}_i(t)\,\dot{x}_j(t-\tau)\mathrm{d}t}{\dfrac{1}{T}\int_0^T\dot{x}_{np}(t)\,\dot{x}_{np}(t)\mathrm{d}t}\quad(5-3)$$

式中,τ 是时滞,T 是激励持续时间,$\dot{x}_{np}$ 是未附加颗粒阻尼器的系统(无
控系统)的 x 向速度,$\dot{x}_i$ 是随机挑选的任意颗粒 i 的 x 向速度,E 是求期
望值的算子。由图 5-7(a)与图 5-7(b)比较可见,$\bar{R}_{\dot{y}_i\dot{y}_j}$ 比 $\bar{R}_{\dot{x}_i\dot{x}_j}$ 小很多,
这是因为颗粒沿着 x 向以颗粒流的形式运动,而在 y 向是随机的布朗
运动。

　　与图 5-6对应,图 5-8展现了不同工作条件下,任意两个颗粒速度的
互相关函数的大体情况。通过式(5-4)把该互相关函数无量纲化

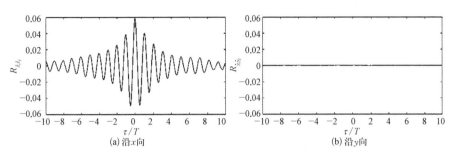

图 5-7　阻尼器性能最优时,任意两个颗粒速度的互相关函数:(a) 沿 x 向;
(b) 沿 y 向。系统参数:$\mu = 0.108$, $e = 0.75$, $\zeta = 0.004$, $\mu_s = 0.5$,
$dx/\sigma_{r0} = 5.2$, $dy/\sigma_{r0} = 3.9$, $d/\sigma_{r0} = 0.8$, $N = 16$,施加 x 向的稳态
随机激励

$$R_{\dot{x}_i \dot{x}_j}(\tau) = \frac{E[\dot{x}_i(t)\,\dot{x}_j(t-\tau)]}{E[\dot{x}_i(t)\,\dot{x}_j(t)]} = \frac{\frac{1}{T}\int_0^T \dot{x}_i(t)\,\dot{x}_j(t-\tau)\,\mathrm{d}t}{\frac{1}{T}\int_0^T \dot{x}_i(t)\,\dot{x}_j(t)\,\mathrm{d}t} \quad (5-4)$$

由图 5-8 可见,相比于其他低效工作区间[如图 5-8(a)和图 5-8(c)],在高效工作区间下[如图 5-8(b)],速度互相关函数衰减得更快。图 5-9 把这三种情况绘制在同一个图中,以方便对比。可以看到,在中等容器尺寸的情况下,该函数的指数衰减率约为 4.5%,效果最好;在较大容器尺寸的情况下,该值约为 2.2%;在较小容器尺寸的情况下,该值仅为 0.7%。

通过以上讨论,可以看到任意颗粒的速度互相关函数是一个能够反映颗粒阻尼器性能的宏观指标。

除了互相关函数,附加和未附加阻尼器的系统位移的自相关函数也是一个很好的指标。由图 5-10 可见,前者以很快的指数衰减速度变小,说明颗粒阻尼器给主系统提供了很大的附加阻尼,而后者只是在系统内部阻尼的作用下,缓慢衰减。

相关函数并不是唯一有效地表征颗粒阻尼器最优工作性能的指标,其他手段,比如由于碰撞和摩擦产生的能量耗散和有效动量交换也都是有用的工具。

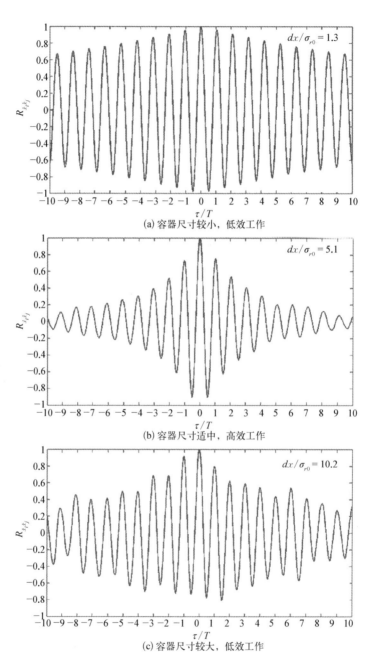

图 5 - 8 任意两个颗粒 x 向速度的互相关函数,系统参数:$\mu = 0.108$,$e = 0.75$,$\zeta = 0.004$,$\mu_s = 0.5$,$dy/\sigma_{r0} = 3.8$,$d/\sigma_{r0} = 0.8$,$N = 16$,同时施加双向不相关的稳态随机激励

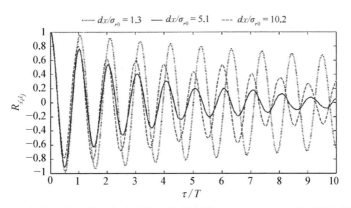

图 5-9　任意两个颗粒 x 向速度的互相关函数，$dx/\sigma_{r0}=1.3$ 对应较小容器尺寸，低效工作；$dx/\sigma_{r0}=5.1$ 对应中等容器尺寸，高效工作；$dx/\sigma_{r0}=10.2$ 对应较大容器尺寸，低效工作。系统参数同图 5-7

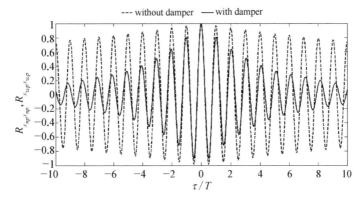

图 5-10　主系统 x 向位移的自相关函数，系统参数：$\mu=0.108$，$e=0.75$，$\zeta=0.004$，$\mu_s=0.5$，$dx/\sigma_{r0}=5.1$，$dy/\sigma_{r0}=3.8$，$d/\sigma_{r0}=0.8$，$N=16$，同时施加双向不相关的稳态随机激励

根据第 2 章介绍的接触力模型，能量耗散主要有两个来源：非弹性碰撞和摩擦，可以用式(5-5)计算

$$E=\begin{cases}\sum\left(2\zeta_2\sqrt{mk_2}\,\dot{\delta}_n\dot{\delta}_ndt+\mid F_{ij}^t\,\dot{\delta}_tdt\mid\right) & (particle\text{-}wall)\\[2mm]\sum\left(2\zeta_3\sqrt{\dfrac{m_im_j}{m_i+m_j}k_3}\,\dot{\delta}_n\dot{\delta}_ndt+\mid F_{ij}^t\,\dot{\delta}_tdt\mid\right) & (particle\text{-}particle)\end{cases}$$

$$(5-5)$$

式中，dt 是接触持续时间，通过把所有接触持续时间内的能量消耗相加就可以得到总的能量耗散数量。

图 5‑11(a)展现了在不同容器尺寸下，颗粒阻尼器的工作情况，考虑了长度和宽度的变化，由于容器的高度变化对阻尼器的性能影响不大，此处未考虑。在高效工作区域，主系统能够获得 60% 以上的响应折减，如图 5‑11(b)所示。在图 5‑11(c)中，通过除以输入激励的能量（EE），把能量

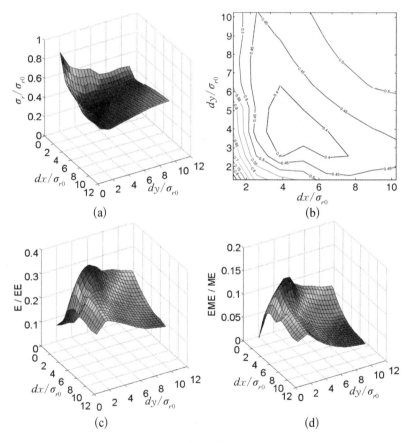

图 5‑11　(a) 主系统位移幅值（$\sqrt{x^2 + y^2}$）的均方根响应；(b) σ_r / σ_{r0} 的等高线；(c) 能量耗散；(d) 有效动量交换。系统参数：$\mu = 0.108$，$e = 0.75$，$\zeta = 0.004$，$\mu_s = 0.5$，$d/\sigma_{r0} = 0.8$，$N = 16$，同时施加双向不相关的稳态随机激励

耗散值无量纲化。可以看到,在高效工作区域,该值最大。类似地,通过除以输入激励的动量交换总量(ME),把有效动量交换无量纲化,如图 5-11(d)所示。也可以看到,在高效工作区域,该值也是最大的。通过对比图 5-11(a)—(d),发现能量耗散数量以及有效动量交换与系统响应大小对应得很好:当前两个量最大的时候,系统响应最小,也就是阻尼器的减振效果最好,当这两个量变小的时候,阻尼器的效果也相应地变差。

事实上,考虑两种极端情况,一种是容器很小,一种是容器很大的情况。在前者的状态下,颗粒都堆积在一起,只有最上层的颗粒比较活跃,下面几层颗粒的运动都很小,而在后者的状态下,颗粒从容器的一端运动到另一端产生碰撞,需要花费相当长的时间,因此有效碰撞的次数也就很少,这两种情况都会导致阻尼器的效果很差。当容器大小取一个适中值的时候,阻尼器就能发挥最佳的作用,这也就是颗粒阻尼器总是存在一个最优工作区间的原因。

通过以上的讨论,明确揭示了颗粒阻尼器在不同激励作用下,最优工作性能的存在性,而且这种性能具有很强的鲁棒性和高效性,这能为实际工程提供很好的参照和借鉴。此外,相关函数,能量耗散和有效动量交换这三个量是反映颗粒阻尼器工作特性很有用的工具。

5.2　参　数　分　析

本节将系统讨论双自由度体系附加颗粒阻尼器在随机激励下的系统响应,研究各个系统参数的影响,包括颗粒恢复系数(e)、外界激励强度,容器形状和摩擦系数(μ_s)等。为了便于分析和演示,之后采用二维图形,横坐标是容器尺寸,纵坐标是系统响应,两者都除以无控系统的响应得以无量纲化。容器的宽度是 $dy/\sigma_{r0} = 3.8$,颗粒直径为 $d/\sigma_{r0} = 0.8$,共计 16 个,外界激励是双向不相关的稳态随机激励。

5.2.1 恢复系数的影响

颗粒恢复系数决定了其碰撞后的回弹速度,由颗粒的类型,形状和表面材料等因素决定。

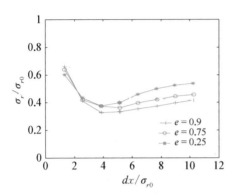

图 5-12 主系统位移幅值的均方根响应,系统参数:$\mu = 0.108$,$\zeta = 0.004$,$\mu_s = 0.5$(恢复系数的影响)

由图 5-12 可见,在容器尺寸小的时候,高恢复系数的颗粒阻尼器减振效果不如低恢复系数的阻尼器,然而当容器尺寸较大的时候,能够得到更好的减振效果。这是因为高恢复系数的颗粒在一次碰撞以后能够获得较大的回弹速度,从而产生很多碰撞。然而在这些碰撞中,伴随着很多有害碰撞和有害动量交换,导致有效动量交换的数量减少。从能量耗散角度看,低恢复系数的颗粒在碰撞时会损失更多的能量,而且这个机理似乎在小容器尺寸的工况下占了主导作用。

此外,还能发现当恢复系数减小时,减振效果对容器长度变化的敏感性升高,导致阻尼器的最优工作区间变窄。所以,在实际设计中,应该采用具有较高恢复系数的颗粒,以增加系统的抗震性能。

5.2.2 外界激励强度的影响

本试验用 5 种不同的随机激励强度来考察其对阻尼器性能的影响。从图 5-13 可见,外界激励的性质对阻尼器的性能影响很大。随着激励强度的增大,容器内的颗粒越来越活跃,其和主系统的动量交换以及能量耗散也增加,所以阻尼器的效率会提高。另一方面,对于给定的容器大小,当激励大到足以激起所有颗粒都运动以后,系统的振幅便不再受激励强度的影响了。

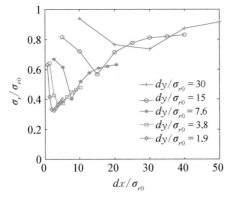

图 5 - 13 主系统位移幅值的均方根响应,系统参数:$\mu = 0.108$,$e = 0.75$,$\zeta = 0.004$,$\mu_s = 0.5$(外界激励强度的影响)

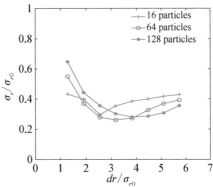

图 5 - 14 附加圆柱体阻尼器的主系统位移幅值的均方根响应,系统参数:$\mu = 0.108$,$e = 0.75$,$\zeta = 0.004$,$\mu_s = 0.5$(容器形状的影响)

5.2.3 容器形状的影响

本试验把长方体容器改为圆柱体容器,来考察容器形状对阻尼器性能的影响。图 5-14 所示为附加圆柱体颗粒阻尼器的主系统的位移均方根响应曲线,颗粒数目分别是 16 个,64 个和 128 个。各个工况都能发现最优工作区间,且 128 个颗粒的最优区间比 16 个颗粒的要宽,但是最大折减效果相差不多。

图 5-11(a),(b)所示为长方体阻尼器的减振效果,与之相比,可以看到圆柱体阻尼器的效果比长方体的要好,前者能达到 70% 的位移折减,而后者为 64%。原因还是在于圆柱体容器具有很好的对称性,能够在任意方向取得容器和颗粒的有效动量交换,而长方体容器的角部区域的碰撞并不

能完全被有效地利用。另外,圆柱体形状的阻尼器的减振效果不会受到外界激励方向的影响。

5.2.4 摩擦系数的影响

图 5-15(a)说明滑动摩擦系数小的阻尼器的减振效果会更好。颗粒受到的摩擦力较小,就能获得较多的运动能量,产生较多的碰撞以及动量交换,且正碰时消耗的能量也较多。但是另一方面,较大的摩擦系数在摩擦以及斜向碰撞的过程中会耗散掉较多的能量。所以,摩擦系数对阻尼器性能的影响很复杂。

根据 Bapat[97] 对于多单元单颗粒阻尼器的理论和数值研究,库仑摩擦力对阻尼器的性能大体上来说是不利的,图 5-15(b)也说明了该现象。从图 5-15 中可以看出,容器尺寸较大的时候,小摩擦系数能导致更多的响应折减,这说明颗粒与主系统之间的动量交换以及颗粒的运动活跃度在该类工况下具有很重要的主导作用。

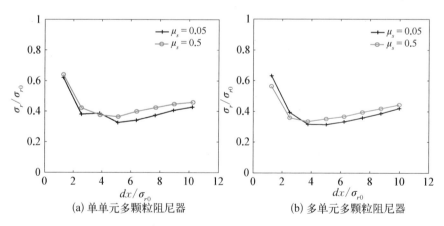

(a) 单元多颗粒阻尼器　　　　　(b) 多单元多颗粒阻尼器

图 5-15　主系统位移幅值的均方根响应,系统参数: $\mu = 0.108$, $e = 0.75$, $\zeta = 0.004$(容器形状的影响)

5.3　与多单元单颗粒冲击
阻尼器的性能比较

多单元单颗粒阻尼器在前面几章已有介绍,主要特点是不存在颗粒之间的彼此碰撞。对于双自由度体系,应用该类装置的方法是把颗粒质量分为两部分,分别放在 x 方向和 y 方向,以此来减小两个方向激励引起的系统响应,如图 5-16 所示。

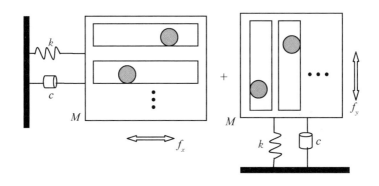

**图 5-16　多单元单颗粒阻尼器应用于双自由度系统的示意图,
颗粒总质量均分在两个方向**

图 5-17 考察具有相同有效质量比的情况,可见,在最佳工作的时候,多单元单颗粒阻尼器的效果要比单单元多颗粒阻尼器好。尤其是在高恢复系数的情况下,前者对容器尺寸的变化很不敏感,说明其能经受更宽的激励强度,具有很好的鲁棒性。

另一方面,考虑到双向减振,为了减小 y 向的振动,需要分一半的质量在该方向,即 $\mu_x = 0.054$,$\mu_y = 0.054$ 的情况,如图 5-18 所示。比较图 5-17 和图 5-18 可见,不管恢复系数怎样,较小的有效质量比始终只能产生较小的响应折减;对于多单元单颗粒阻尼器,尽管低恢复系数的最大减振幅度稍稍大于高恢复系数的情况,但是它对容器尺寸的变化显得更加敏感,说明其最佳工作的稳定性并不好。

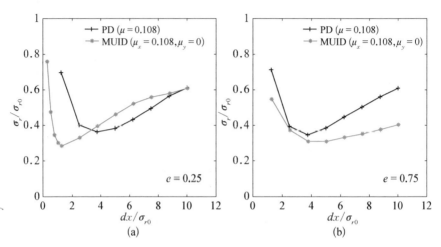

图 5-17　附加单单元多颗粒阻尼器(Particle Damper, PD)和多单元单颗粒阻尼器(Multi Unit Impact Damper, MUID)的主系统位移幅值的均方根响应对比。(a) $e = 0.25$; (b) $e = 0.75$。两个系统采用相同的有效质量比

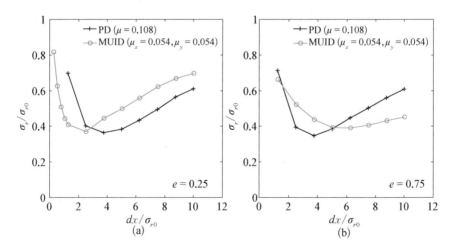

图 5-18　附加单单元多颗粒阻尼器(Particle Damper, PD)和多单元单颗粒阻尼器(Multi Unit Impact Damper, MUID)的主系统位移幅值的均方根响应对比。(a) $e = 0.25$; (b) $e = 0.75$。后者的有效质量比为前者的一半

　　总之,单单元多颗粒阻尼器和多单元单颗粒阻尼器都有其自身的特性,但是,应用高恢复系数的颗粒,减振效果会更好,这一点对两种情况都是一样的。若外界激励的方向与多单元单颗粒阻尼器的设置方向一致,则该装置能取得更好的振动控制效果(基于同样的有效质量比)。然而,实际工程中,主系统往往会受到不同组分不同方向的激励的输入(比如地震),人们并不能提前预知激励的输入方向,因此,多颗粒阻尼器以其对激励方向的无选择性的特点有可能成为更好的振动控制装置。

5.4　本　章　小　结

　　本章详细讨论了附加颗粒阻尼器的系统在多组分多方向稳态随机激励下的非线性运动特点。主系统被看作能在 x 和 y 两个方向运动的单自由度系统,两个方向的激励也考虑了不同的相关性。尽管主系统被看作线性,而且在没有阻尼器的情况下,两个方向的运动互相独立,但是由于碰撞颗粒的多向运动,使整个系统在 x 和 y 方向上的运动耦合,呈现复杂的响应状态。

　　为了分析和考察颗粒之间以及颗粒与容器之间的复杂的相互作用,采用一些“全局化”的手段作为显式指标,来表征颗粒阻尼器的总体性能,而且这些指标与主系统的最大响应折减联系在一起。研究发现,以下几个指标能够很好地揭示该阻尼器不同组成部分之间作用的物理本质:① 有效动量交换;② 碰撞和摩擦引起的系统能量耗散;③ 任意颗粒速度的互相关函数。

　　本章还考察了不同系统参数对阻尼器性能的影响,并对两种不同的阻尼器变体进行了比较。合理设计并采用高恢复系数颗粒的阻尼器,能很大程度地减小主系统的振动响应,使用圆柱体形状的颗粒阻尼器能很好地应对多轴激励,即使其相对强度和方向并不预知。这是颗粒阻尼器相对于传统的质量调谐阻尼器(针对某一个激励方向设计安装)的一个显著优势。

第6章

多自由度体系附加颗粒阻尼器的性能分析

第 5 章进行了双自由度体系附加颗粒阻尼器的性能分析,着重强调了双向稳态随机激励下的系统运动特点。本章将在此基础上,把主体结构推广到多自由度,分析多自由度体系附加颗粒阻尼器在随机激励作用下的动力性能,并把稳态随机激励扩展到非稳态随机激励,使讨论更加趋向于实际[140]。

6.1 多自由度体系附加单颗粒
冲击阻尼器的解析解

6.1.1 计算模型

图 6-1 示意了多自由度体系附加单颗粒冲击阻尼器的计算模型,假设正弦激励作用在第 k 个质量上,冲击阻尼器附加在第 j 个质量上。考虑系统的稳态振动,在一个振动周期内会发生两次对称的碰撞,且时间间隔相等,分别碰在左侧和右侧的容器壁。这个现象在许多试验中被发现且得到了验证[131]。

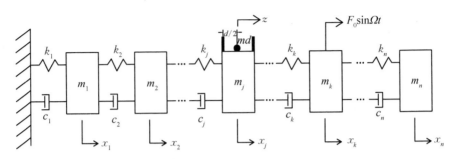

图 6-1　多自由度主体结构附加单颗粒冲击阻尼器的计算模型

6.1.2　解析解法

未相碰时，系统的运动方程为

$$\boldsymbol{M}\ddot{\boldsymbol{X}} + \boldsymbol{C}\dot{\boldsymbol{X}} + \boldsymbol{K}\boldsymbol{X} = \boldsymbol{F}(t) \tag{6-1}$$

式中，$\boldsymbol{M}$，$\boldsymbol{C}$，$\boldsymbol{K}$ 分别为质量，阻尼和刚度矩阵，$\boldsymbol{F}(t) = [0, 0, \cdots, 0, F_k(t), 0, \cdots, 0]^{\mathrm{T}}$。假设系统阻尼为比例阻尼，即

$$\boldsymbol{C} = \alpha\boldsymbol{M} + \beta\boldsymbol{K} \tag{6-2}$$

考虑系统的稳态振动，且时间原点设为颗粒与系统发生碰撞的那一时刻，即 $t = t_0$，从而正弦激励变为

$$F_k(t) = F_0\sin(\Omega t + \alpha_0) \tag{6-3}$$

式中，$\alpha_0 = \Omega t_0$，为相位角。

利用振型分解法，式(6-1)可以转化为

$$\boldsymbol{M}_\mathrm{q}\ddot{\boldsymbol{q}} + \boldsymbol{C}_\mathrm{q}\dot{\boldsymbol{q}} + \boldsymbol{K}_\mathrm{q}\boldsymbol{q} = \boldsymbol{Q}_\mathrm{ex}(t) \tag{6-4}$$

式中，$\boldsymbol{M}_\mathrm{q}$，$\boldsymbol{C}_\mathrm{q}$，$\boldsymbol{K}_\mathrm{q}$ 为广义质量，阻尼和刚度矩阵，均为对角阵。$\boldsymbol{q}$ 是广义坐标向量。$\boldsymbol{Q}_\mathrm{ex}(t) = [\varphi]^{\mathrm{T}}\boldsymbol{F}(t)$，$[\varphi]$ 是模态矩阵。式(6-4)的第 i 个等式为

$$M_i\ddot{q}_i + C_i\dot{q}_i + K_iq_i = Q_{\mathrm{ex},i} = \varphi_{ki}F_0\sin(\Omega t + \alpha_0) \tag{6-5}$$

其解为

$$q_i(t) = \exp\left(-\frac{\zeta_i}{r_i}\Omega t\right)\left\{\frac{1}{\eta_i}\left(\zeta_i\sin\frac{\eta_i}{r_i}\Omega t + \eta_i\cos\frac{\eta_i}{r_i}\Omega t\right)q_{0i} + \frac{1}{\omega_i\eta_i}\left(\sin\frac{\eta_i}{r_i}\Omega t\right)\dot{q}_{0i}\right.$$

$$\left.-\frac{A_i}{\eta_i}\left(\zeta_i\sin\frac{\eta_i}{r_i}\Omega t + \eta_i\cos\frac{\eta_i}{r_i}\Omega t\right)\sin\tau_i - \frac{A_i}{\eta_i}r_i\left(\sin\frac{\eta_i}{r_i}\Omega t\right)\cos\tau_i\right\}$$

$$+A_i\sin(\Omega t + \tau_i) \quad i = 1, 2, \cdots, n \tag{6-6}$$

其中

$$\omega_i = \sqrt{\frac{K_i}{M_i}},\ \zeta_i = \frac{C_i}{\sqrt{2K_iM_i}},\ \eta_i = \sqrt{1-\zeta_i^2},\ r_i = \frac{\Omega}{\omega_i},\ f_i = \varphi_{ki}F_0,$$

$$A_i = \frac{f_i/K_i}{\sqrt{(1-r_i^2)^2 + (2\zeta_ir_i)^2}},\ \psi_i = \arctan\frac{2\zeta_ir_i}{1-r_i^2},\ \tau_i = \alpha_0 - \psi_i,$$

$$q_{0i} = q_i(0),\qquad \dot{q}_{ai} = \dot{q}_i(0_+)。$$

角标＋代表碰撞后一瞬间的状态。令初始时刻 $(t = 0_+)$ 的位移和速度为

$$\boldsymbol{X}(0) = \boldsymbol{X}_0 = [\varphi]\boldsymbol{q}_0 \quad \dot{\boldsymbol{X}}(0_+) = \dot{\boldsymbol{X}}_a = [\varphi]\dot{\boldsymbol{q}}_a \tag{6-7}$$

从而解得

$$\boldsymbol{X}(t) = \boldsymbol{B}_{21}(t)\dot{\boldsymbol{X}}_a + \boldsymbol{B}_{22}(t)\boldsymbol{X}_0 + \boldsymbol{B}_{23}(t)\boldsymbol{S}_1 + \boldsymbol{B}_{24}(t)\boldsymbol{S}_2 + [\varphi]\boldsymbol{S}_3(t)$$

$$\tag{6-8}$$

$$\dot{\boldsymbol{X}}(t) = \boldsymbol{B}_{31}(t)\dot{\boldsymbol{X}}_a + \boldsymbol{B}_{32}(t)\boldsymbol{X}_0 + \boldsymbol{B}_{33}(t)\boldsymbol{S}_1 + \boldsymbol{B}_{34}(t)\boldsymbol{S}_2 + [\varphi]\boldsymbol{S}_4(t)$$

$$\tag{6-9}$$

其中未定义的矩阵和向量均为系统参数的函数。

令 $z(t)$ 为颗粒 m_d 相对于第 j 质量 m_j 的相对位移,有

$$z(t) = y(t) - X_j(t) \tag{6-10}$$

由于设定时间原点为碰撞的时刻,则

$$z(0) = z_0 = y(0) - X_j(0) = \pm \frac{d}{2} \qquad (6-11)$$

在碰撞过程中,除了颗粒和第 j 质量的速度外,其他系统的状态都不会改变。根据动量守恒和碰撞恢复系数的定义,考虑到稳态振动时

$$\dot{y}(0)_+ = -\frac{2\Omega}{\pi}(X_{0j} + z_0) \qquad (6-12)$$

从而碰撞前和碰撞后的速度向量有如下关系

$$\dot{\boldsymbol{X}}_b = \boldsymbol{B}_{6q}\dot{\boldsymbol{X}}_a \qquad (6-13)$$

式中,$\boldsymbol{B}_{6q}$ 是包含常数的对角矩阵,除了第 j 个元素为 $(1-e-2\mu)/(1-e-2\mu e)$ 外,其他元素均为 1。

在稳态振动时,颗粒与容器壁的碰撞每个周期对称发生两次,分别撞在左侧和右侧的容器壁,于是有

$$\boldsymbol{X}(t)\mid_{\Omega t=\pi} = -\boldsymbol{X}(0) = -\boldsymbol{X}_0 \qquad (6-14)$$

$$\dot{\boldsymbol{X}}(t)\mid_{\Omega t=\pi_-} = -\dot{\boldsymbol{X}}(0)_- = -\dot{\boldsymbol{X}}_b = -\boldsymbol{B}_{6q}\dot{\boldsymbol{X}}_a \qquad (6-15)$$

联立式(6-14)、式(6-15)以及式(6-8)、式(6-9),得到

$$\boldsymbol{X}_0 = \boldsymbol{S}_7 \sin \beta_0 + \boldsymbol{S}_8 \cos \beta_0 \qquad (6-16)$$

$$\dot{\boldsymbol{X}}_a = \boldsymbol{S}_9 \sin \beta_0 + \boldsymbol{S}_{10} \cos \beta_0 \qquad (6-17)$$

由式(6-16)、式(6-17)以及式(6-13),求得

$$\beta_0^\pm = \arctan[(h_1 h_3 \pm h_2 h_4)/(h_2 h_3 \mp h_1 h_4)] \qquad (6-18)$$

式中,h_1,h_2,h_3,h_4 是 $\boldsymbol{S}_7$,$\boldsymbol{S}_8$,$\boldsymbol{S}_9$,$\boldsymbol{S}_{10}$ 的函数,β_0 由式(6-18)求得。

以上两个过程重复顺次使用,就可以求得颗粒阻尼器系统在全时间历程下的运动形态。

6.2 多自由度体系附加颗粒 阻尼器的自由振动

图 6-2 示意了 N 层剪切框架在顶层附加了一个非线性的颗粒阻尼器,通过考察加阻尼器前后的系统的加速度和速度来了解颗粒阻尼器对多自由度体系的振动控制效果。

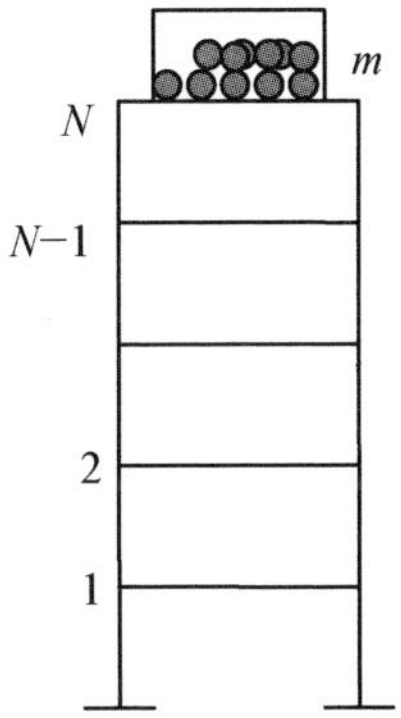

主系统的动力方程为

$$\boldsymbol{M}\ddot{\boldsymbol{X}} + \boldsymbol{C}\dot{\boldsymbol{X}} + \boldsymbol{K}\boldsymbol{X} = \boldsymbol{F} + \boldsymbol{E}\ddot{x}_g \quad (6-19)$$

$$\boldsymbol{M} = \mathrm{diag}\begin{bmatrix} M_1 & M_2 & \cdots & M_N \end{bmatrix} \quad (6-20)$$

$$\boldsymbol{C} = \begin{bmatrix} C_1 + C_2 & -C_2 & & \\ -C_2 & C_2 + C_3 & -C_3 & \\ & & \ddots & -C_N \\ & & -C_N & C_N \end{bmatrix}$$

$$(6-21)$$

图 6-2 多自由度体系附加颗粒阻尼器的计算模型示意图

$$\boldsymbol{K} = \begin{bmatrix} K_1 + K_2 & -K_2 & & \\ -K_2 & K_2 + K_3 & -K_3 & \\ & & \ddots & -K_N \\ & & -K_N & K_N \end{bmatrix} \quad (6-22)$$

$$\boldsymbol{X} = \begin{bmatrix} X_1 & X_2 & \cdots & X_N \end{bmatrix}^T \quad (6-23)$$

$$\boldsymbol{F} = \begin{bmatrix} 0 & 0 & \cdots & F_N \end{bmatrix}^T \quad (6-24)$$

$$\boldsymbol{E} = \begin{bmatrix} -M_1 & -M_2 & \cdots & -M_N \end{bmatrix}^T \quad (6-25)$$

式中，$\boldsymbol{F}$，$\boldsymbol{E}$，$\ddot{x}_g$ 分别是接触力向量，地面加速度引起的惯性质量矩阵和地面加速度。

下面以三层框架为例，考察多自由度体系附加颗粒阻尼器在不同动力荷载下的性能。该主系统的临界阻尼比 $\zeta = 0.01$，自振频率为 $f_1 = 1.58$ Hz，$f_2 = 4.44$ Hz，$f_3 = 6.41$ Hz。本节首先讨论自由振动的情况，在不同的楼层施加冲击荷载来考察激励输入位置的影响。采用一个钢颗粒，质量比（颗粒质量和主系统的质量之比）$\mu = 0.03$，直径 25 mm，净距 60 mm。

附加阻尼器的主系统的动力响应比未附加阻尼器的系统衰减得更快。图 6-3 和图 6-4 所示分别为一段典型的各个楼层的加速度和速度的时程曲线，冲击激励施加在第一层。可以看到，在顶层颗粒与容器壁的碰撞发生的时刻，加速度会突然变大，此后该冲击迅速地减小了各个楼层的动力响应。当顶层的运动变小，不足以让颗粒产生碰撞以后（这依赖于净距，振动幅度和其他一些参数），结构仅在自身阻尼的作用下逐步衰减自由振动。若没有安装阻尼器，系统响应就不会在初始阶段迅速减小，振动仅以很慢的指数形式衰减，一直会延续很长时间，如图中的虚线所示。此外，需要指出的是，第三层，也就是安装阻尼器的那一层的加速度响应在颗粒碰撞时会很大，尽管在其他楼层并不显著。对于速度响应，在颗粒碰撞的时候，并不存在速度的突变，这是因为速度是加速度的积分结果。

图 6-5，图 6-6 和图 6-7 示意了速度响应的功率谱函数，激励分别施加在第一层、第二层和第三层，为了便于比较，功率谱以对数坐标画出。可以看到，无论激励施加在哪一个楼层，附加阻尼器的结构的第一振型响应都有明显的减小；然而，对于高阶模态的振动控制效果，其受到激励施加位置的影响。特别比较图 6-6 和图 6-7，各个楼层第三阶模态的振动控制效果在激励施加于第三层的时候要好于激励施加在第二层的情况。

此外，某一振型被激起的程度依赖于激励施加的位置，若该振型被显

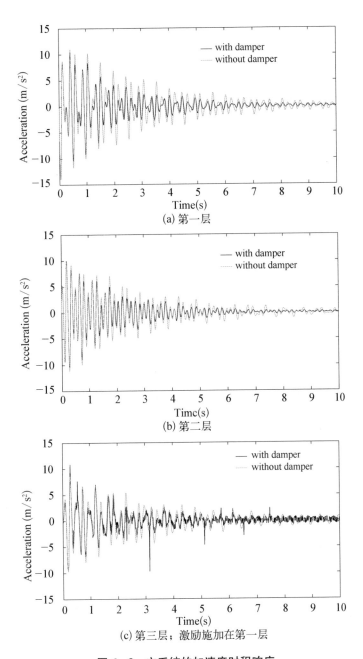

(a) 第一层

(b) 第二层

(c) 第三层；激励施加在第一层

图 6-3　主系统的加速度时程响应

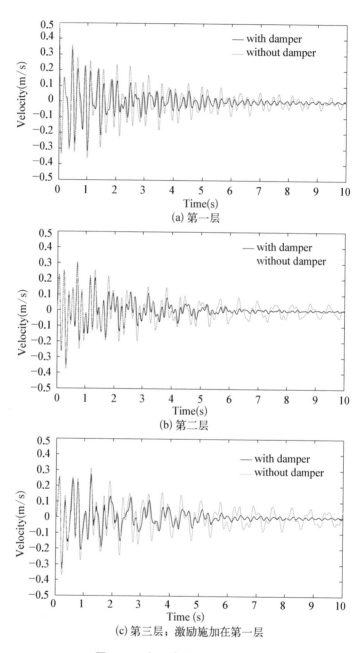

(a) 第一层

(b) 第二层

(c) 第三层；激励施加在第一层

图 6-4 主系统的速度时程响应

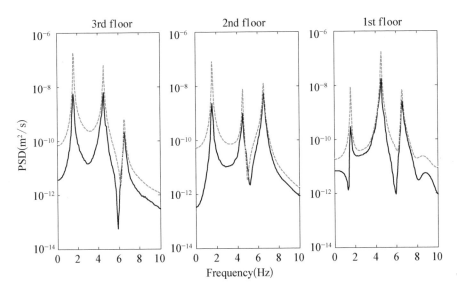

图 6-5　主系统速度响应的功率谱函数,激励施加在第一层(虚线是
　　　　未加阻尼器的工况,实线是附加阻尼器的工况)

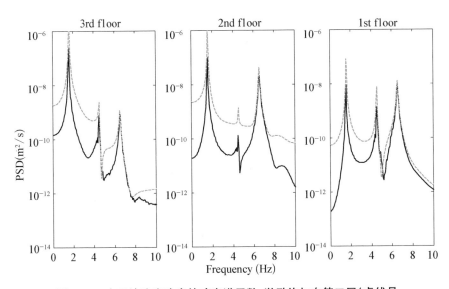

图 6-6　主系统速度响应的功率谱函数,激励施加在第二层(虚线是
　　　　未加阻尼器的工况,实线是附加阻尼器的工况)

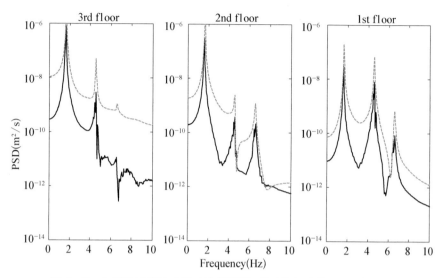

图 6‑7　主系统速度响应的功率谱函数，激励施加在第三层（虚线是
未加阻尼器的工况，实线是附加阻尼器的工况）

著地激发，则相应的控制效果就明显。以第二阶模态为例说明：该模态在
第一层和第三层输入激励的时候被显著激发，由图 6‑5 和图 6‑7 可见，阻
尼器的减振效果就明显；在第二层输入激励的时候基本未被激发，则相应
的减振效果就差，如图 6‑6 所示，这是因为此时，该层正好位于二阶模态振
动反弯点的位置。以上现象在 Li 的试验当中也被观察到[118]。

6.3　多自由度体系附加颗粒
阻尼器的稳态随机振动

　　本节讨论附加颗粒阻尼器的三自由度系统在稳态随机激励下的动力
特性，考察不同的系统参数，分析其对阻尼器性能的影响。由于各个楼层
的减振效果相差不大，为了便于演示，接下来的讨论仅以第一层结构的响
应为例，其他参数为恢复系数 $e = 0.75$，摩擦系数 $\mu_s = 0.5$，容器宽度

$dy/\sigma_{x0,1} = 7.5$,颗粒直径 $d/\sigma_{x0,1} = 1.4$。

6.3.1　阻尼器位置的影响

由图 6-8 可见,阻尼器的效果随着其位置相对于地面的高度变高而变好,这是因为越高的楼层产生的位移越大,主系统在碰撞颗粒的时候,能够把更多的动能传输给颗粒,这也提高了有效动量交换和能量耗散。

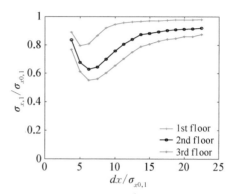

图 6-8　主系统第一楼层的均方根响应。系统参数:$\zeta = 0.01$, $\mu = 0.05$(阻尼器位置的影响)

6.3.2　主结构阻尼的影响

由图 6-9(a)可见,随着主体结构阻尼的减小,阻尼器的减振效果会变好,这主要是因为主结构的阻尼很小时,无控结构的响应会很大,相应地,加了阻尼器的系统的响应的折减也就增大了。因此,阻尼器的效果对于仅有微小阻尼的系统最好。

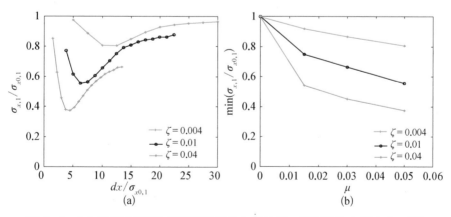

图 6-9　(a) 在第三层附加颗粒阻尼器的主系统第一楼层的均方根响应,系统参数:$\mu = 0.05$(主系统阻尼的影响);(b) 主系统阻尼和颗粒质量比对阻尼器性能的影响

图 6 - 9(b)总结了颗粒质量比和主系统阻尼对于颗粒阻尼器最佳性能的影响。显然,对于给定的阻尼比,最佳减振量并不是质量比的线性函数。而且可以看到,只要设计合理,哪怕是很小的附加质量比都可以很大程度地减小主系统的均方根振动响应。

6.4 多自由度体系附加颗粒阻尼器的 非平稳随机振动

在上一节考虑稳态随机振动的基础上,本节考察非平稳振动的情况。在平稳激励 $n(t)$ 的基础上,通过乘以一个包络曲线 $g(t)$,便可以得到一个非平稳随机过程 $s(t)$[141]

$$s(t) = g(t)n(t) \qquad (6-26)$$

$$g(t) = a_1 \exp(a_2 t) + a_3 \exp(a_4 t) \qquad (6-27)$$

通过合理选择 a_1,a_2,a_3,a_4,可以产生多种不同类型的非平稳过程,包括类似地震波的非平稳激励。

非各态历经过程的均方根是通过把许多响应记录的值取平均得到,在本节讨论的情况下,当统计的记录超过 200 个时,均方根响应基本不会再变化。采用三种不同的包络曲线,分别对应"快速衰减""中速衰减"以及"慢速衰减"。

图 6 - 10 示意了阻尼器在三种不同包络曲线激励下的减振效果。在这几种工况的数值模拟中,均方根采用了至少 200 条记录的平均值,且最佳容器长度基于均方根响应峰值的最大折减而求得。

表 6 - 1 列出了三种不同工况下,主系统第一楼层的均方根位移峰值之比 ($\sigma_{max, 1}/\sigma_{0max, 1}$),以及均方根位移时程曲线所包围的面积之比

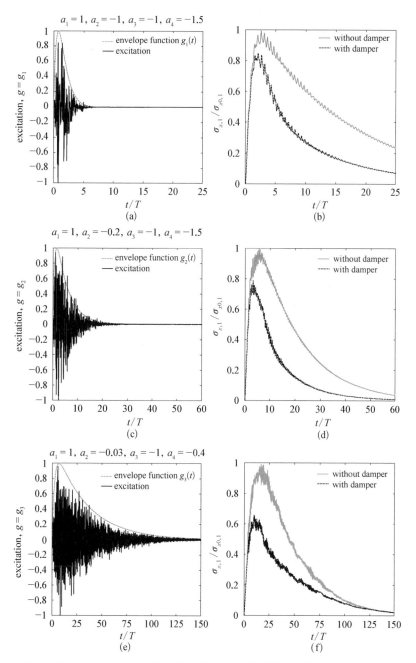

图 6·10　(a),(c),(e)包络曲线和相应的非平稳随机激励;(b),(d),(f)主
系统第一楼层的瞬态均方根位移响应。系统参数: $\zeta = 0.01$,
$\mu = 0.05$, $dx = d_{\text{opt}}$。(a),(b)包络曲线 $g_1(t) = \exp(-t) - \exp$
$(-1.5t)$;(c),(d)包络曲线 $g_2(t) = \exp(-0.2t) - \exp(-1.5t)$;
(e),(f)包络曲线 $g_1(t) = \exp(-0.03t) - \exp(-0.4t)$

表 6-1 主系统第一楼层非平稳振动数值模拟的结果汇总

包络曲线 $g(t)$	均方根位移峰值比率 $(\sigma_{max,1}/\sigma_{0max,1})$	均方根位移时程曲线包围面积之比 $(\int\sigma_{x,1}dt/\int\sigma_{x0,1}dt)$
$g_1(t)$	0.85	0.54
$g_2(t)$	0.79	0.47
$g_3(t)$	0.66	0.61

$\left(\int\sigma_{x,1}dt/\int\sigma_{x0,1}dt\right)$。从表 6-1 可以看到,颗粒阻尼器能有效减小均方根位移时程曲线所包围的面积(事实上,这是响应能量的一个度量),然而,阻尼器对于位移响应峰值的折减效果并不明显,尤其是在包络曲线持续时间很短的工况下。这个现象发生的原因还是在于阻尼器产生作用的物理本质:颗粒需要经过一定的时间,才能完成与主系统的动量传递,从而获得足够的动量来产生有效的减振作用。当包络曲线持时增加的时候,阻尼器的性能得到提高并慢慢接近于平稳振动的情况。比如,对于 $g(t)=g_3(t)$ 的工况,非平稳激励持续时间大约是系统周期的 150 倍,均方根响应峰值的折减为 34%,这与相应的平稳激励下的折减接近[图 6-9(b)显示同样的系统参数下,相应的稳态振动折减约为 42%]。

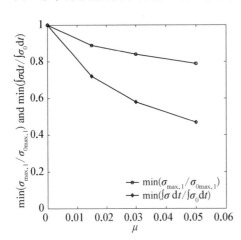

图 6-11 颗粒质量比对阻尼器在非平稳振动下性能的影响,激励包络曲线 $g(t)=g_2(t)$,系统参数:$\zeta=0.01$, $dx=d_{opt}$

图 6-11 考察了不同颗粒质量比的情况下,阻尼器在减小振动响应和能量方面的效果,可见随着质量比的增大,效果会变好,但并非是线性增加,且抑制振动能量的效果要好于抑制振动位移的效果。

另一方面,瞬态振动的均方根

位移峰值($\sigma_{\max}$)也一定程度地反映了实际位移峰值(x_{peak})的大小。图 6-12 统计了超过 200 条记录的实际位移峰值的概率密度函数和累积分布函数，由此可见，实际峰值响应小于瞬态均方根响应峰值的 3 倍的可靠度至少有 98%[$P(x_{1,\text{peak}} < 3\sigma_{x1,\max}) > 98\%$]。因此，实际位移峰值响应的统计信息事实上已经包含在瞬态位移均方根响应的曲线里面了。

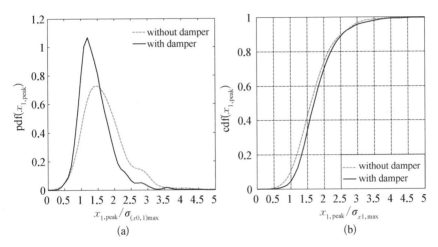

图 6-12　主系统第一楼层实际位移峰值响应的(a) 概率密度函数和(b)
累积分布函数，阻尼器设置在顶层，施加非平稳随机激励且包络
曲线为 $g(t) = g_2(t)$。系统参数：$\zeta = 0.01$，$\mu = 0.05$，$dx = d_{\text{opt}}$。
从累积分布函数曲线可见，$P(x_{1,\text{peak}} < 3\sigma_{x1,\max}) > 98\%$

6.5　本　章　小　结

本章在第 4 章和第 5 章的基础上，进一步把主体系统扩展到多自由度体系，且外界激励也扩展到非平稳随机过程。考察一个附加颗粒阻尼器的三层框架，研究表明：颗粒阻尼器能有效控制多自由度体系的第一阶模态振动，但是对于高阶模态振动的控制效果受很多其他因素的影响；激励输入位置的变化会引起不同的附加阻尼效果，这主要是由于附加阻尼器的楼层的相对位移会随着激励输入位置的变化而变化。一般情况下,阻尼器安装在结构顶层,且对于主体微小阻尼的系统的减振效果最好。系统稳态振动的情况在一定程度上反映了非平稳随机过程系统响应的统计信息,因此之前所有的讨论对于实际工程的应用都具有很好的借鉴作用。

第 7 章

附加颗粒阻尼器的框架模型振动台试验

　　第 4—6 章由浅入深、由简单到复杂地对单自由度体系、双自由度体系以及多自由度体系附加颗粒阻尼器的性能作了详尽的理论分析,探讨了不同参数对系统性能的影响,并发现了一些表征颗粒阻尼器最优工作的状态参量和运动特点,得到了一些有意义的结果。由于颗粒阻尼器减振技术是一项较新的结构控制技术,尤其是对于在土木工程领域中的应用,所做的研究工作并不多;而且由于其组成结构的特点,使得整个系统成为一个高度非线性的系统,使得该系统结构模型的振动台试验显得非常重要。本章在第 4—6 章理论研究的基础上,在一座三层单跨钢结构模型中安装了颗粒阻尼器(多单元多颗粒阻尼器),并对其进行了振动台试验,以进一步研究该装置的减振性能,并与数值分析结果作比较,进一步验证本书第 2 章和第 3 章提出的颗粒阻尼器数值分析模型。

7.1　试验模型和试验过程

7.1.1　试验模型

　　试验采用的结构模型是一个三层大尺寸钢框架模型,其平面和立面如

图 7-1 所示。框架层高 2 m,平面尺寸为 1.95 m×1.9 m,框架柱采用 10 号工字钢,框架主梁采用 12.6 号槽钢,次梁采用 10 号槽钢,各结构构件采用焊接连接。

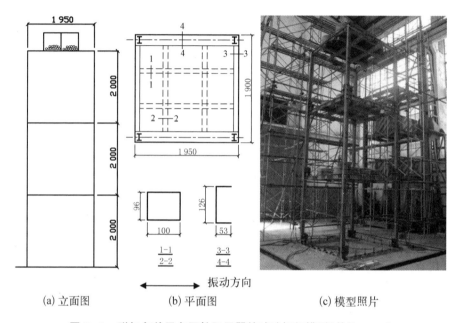

(a) 立面图　　　　(b) 平面图　　　　(c) 模型照片

图 7-1　附加多单元多颗粒阻尼器的试验框架模型(单位: mm)

为了使框架的基频在 1.0 Hz 左右,即一般高层结构的基频,在结构各层上放置了质量块,质量块通过螺栓连接在次梁上或顶层的钢板上。试验时,一至三层的实际质量(包含结构自重)分别为 1 915 kg,1 915 kg 和 2 124 kg。该框架的阻尼比为 0.013,前三阶自振频率分别为 1.07 Hz,3.2 Hz 和 4.8 Hz。

多单元多颗粒阻尼器由钢板组成,分为 4 个相同并且沿着振动方向对称的立方体铁盒,尺寸为: 长 0.49 m×宽 0.49 m×高 0.5 m。每个铁盒子内分别放置 63 个钢球,直径为 50.8 mm,总计质量 135 kg,占系统总体质量的 2.25%。

7.1.2　试验过程

为了研究颗粒阻尼器体系的减振效果,分别对附加和不附加阻尼器的框架模型进行了模型振动台试验。为了检验该体系在不同频谱特性地震波作用下的减振效果,采用了四种地震波分别是: Kobe(1995,SN),El Centro(1940,SN),Wenchuan(2008,SN)和上海人工波(SHW2,1996)。地震波的加速度变化范围为0.05g~0.2g,时间步长为 0.02 s,各地震波的时域和频域特性如图 7-2 所示。整个试验中,振动台仅沿着框架柱刚度较弱方向振动。在框架模型的各层布置了加速度计和位移计,以监控其振动响应。

Kobe 波是 1995 年 1 月 17 日日本阪神地震(M7.2)中,神户海洋气象台在震中附近的加速度时程记录。这次地震是典型的城市直下型地震,记录所在的神户海洋气象台的震中距为 0.4 km。原始记录离散加速度时间间隔为 0.02 s,N-S 分量、E-W 分量和 U-D 分量加速度峰值分别为 818.02 gal,617.29 gal 和 332.24 gal。试验中选用 N-S 分量作为 X 向输入。

El Centro 波是 1940 年 5 月 18 日美国 IMPERIAL 山谷地震(M7.1)在 El Centro 台站记录的加速度时程,它是广泛应用于结构试验及地震反应分析的经典地震记录。原始记录离散加速度时间间隔为 0.02 s,N-S 分量、E-W 分量和 U-D 分量加速度峰值分别为 341.7 gal,210.1 gal 和 206.3 gal。试验中选用 N-S 分量作为 X 向输入。

Wenchuan 波是 2008 年 5 月 12 日中国四川省汶川县(M8.0)在卧龙镇台站记录的加速度时程。原始记录离散加速度时间间隔为 0.005 s,N-S 和 U-D 分量加速度峰值分别为 652.851 gal 和 948.103 gal。试验中选用 N-S 分量作为 X 向输入。

上海人工波(SHW2)的主要强震部分持续时间为 50 s 左右,全部波形

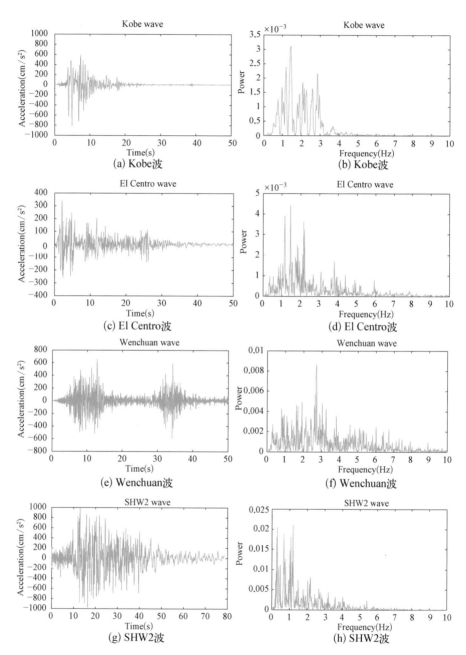

图 7-2　试验用地震波的特性曲线,左列是时程曲线,右列是频谱特性曲线

长为 78 s,加速度波形离散时间间隔为 0.02 s。

7.2　振动台试验结果

7.2.1　模型顶层位移反应

框架顶层最大位移在抗震设计中是一个重要的参数,而在评估结构的损伤时,仅给出结构位移的峰值亦是不够的,还需要研究该反应在整个时间历程上的特性,在随机振动中通常用均方根响应来表示随机变量的能量水平,均方根的表达式为

$$rms = \mathrm{sqrt}\left(\frac{1}{n}\sum_{i=1}^{n} x_i^2\right) \tag{7-1}$$

表 7-1 列出了各个工况下,框架模型顶层的最大位移响应及均方根位移响应(由于无控结构在 SHW2 波 0.2g 作用下,响应可能太大而导致结构倒塌产生危险,故该工况未进行试验)。可以发现:

(1) 附加颗粒阻尼器的框架模型的位移响应要小于未附加颗粒阻尼器的框架模型的位移响应。

(2) 均方根位移响应的减振效果[减振效果=(未附加阻尼器框架的响应-附加阻尼器框架的响应)/未附加阻尼器框架的响应]远好于位移峰值的减振效果。前者是 11.7%~40.4%,而后者是 4.4%~18.6%。这说明颗粒阻尼器能够帮助主体结构吸收并耗散掉相当大一部分的地震输入能量。此外,位移峰值响应也能被有效减小。

(3) 在不同地震输入下,系统的减振效果是不同的。在本系列的试验中,汶川激励下的系统减振效果最差,这可能是和输入激励的频谱特性有关。图 7-2 所示为各输入激励在时域以及频域的特性曲线,可以看到 Kobe 波,El Centro 波,以及 SHW2 波的主要频率分别集中在 1.4 Hz,

1.5 Hz 以及 1.1 Hz 左右,这个频率与主体系统的基频比较接近,而 Wenchuan 波主要集中在 2.7 Hz 左右。

表 7 - 1　模型顶层最大位移及位移均方根响应

地震波类型	加速度峰值	附加阻尼器框架		不附加阻尼器框架		减振效果	
		位移(mm)	均方根位移(mm)	位移(mm)	均方根位移(mm)	位移(mm)	均方根位移(mm)
Kobe	0.05g	38.335	7.385	42.727	12.401	10.3%	40.4%
	0.1g	66.665	12.899	73.984	19.882	9.9%	35.1%
	0.2g	110.979	17.356	116.063	21.807	4.4%	20.4%
El Centro	0.05g	30.366	6.552	33.131	10.525	8.3%	37.7%
	0.1g	49.319	11.044	53.936	18.095	8.6%	39.0%
	0.2g	81.416	15.308	92.143	24.672	11.6%	38.0%
Wenchuan	0.05g	23.118	5.915	26.073	6.699	11.3%	11.7%
	0.1g	43.994	10.991	47.435	12.470	7.3%	11.9%
	0.2g	73.354	18.063	78.938	20.889	4.5%	13.5%
SHW2	0.05g	70.774	18.337	83.027	29.306	14.8%	37.4%
	0.1g	96.420	23.228	118.393	29.656	18.6%	21.7%
	0.2g	—	—	—	—	—	—

　　图 7 - 3 示意了在不同类型地震波激励下,框架模型顶层的位移时程曲线。可以发现,多单元多颗粒阻尼器不但减小了框架模型的最大位移响应,而且使得其时程曲线快速衰减,因而其响应在大部分的时间段内都明显减小。这也是位移均方根减振效果的一个证明。另外一个有意思的现象,有控结构与无控结构在开始的一段时间内,响应重合,经过一定时间后,有控结构的响应会更快地衰减。这与调谐质量阻尼器类似,前期减振效果不理想,后期效果变好。其原因是颗粒与容器壁的碰撞的产生需要一定的时间,经过一定的碰撞后,颗粒阻尼器通过动量交换的方式,开始消耗地震波输入的能量。

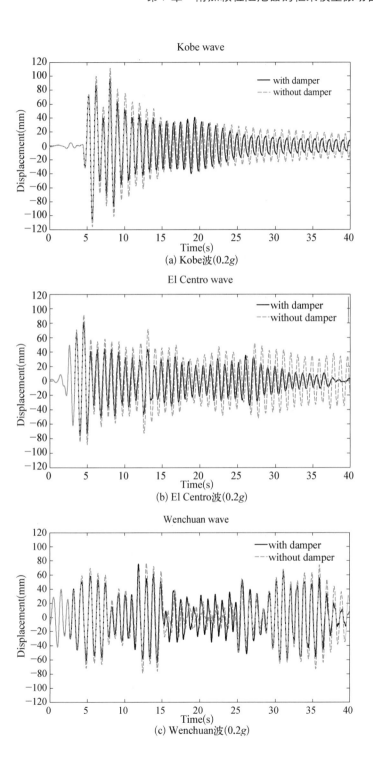

(a) Kobe波(0.2g)

(b) El Centro波(0.2g)

(c) Wenchuan波(0.2g)

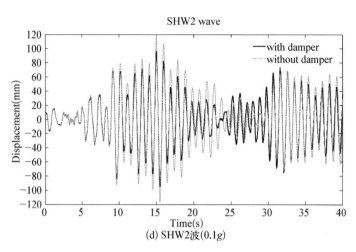

(d) SHW2波(0.1g)

图7-3 框架模型顶层位移时程曲线

7.2.2 模型顶层最大加速度反应和一层层间位移反应

颗粒阻尼器不仅能够减小主体结构的位移响应,而且能减小其层间位移和加速度响应。表7-2列出了模型顶层最大加速度反应和一层层间位移反应。可以发现在除了 Wenchuan 0.2g 工况以外的所有工况下,有控结构的加速度和层间位移响应均小于无控结构,但是一层层间位移的减振效果(0.1%~6.4%)没有顶层加速度减振效果好(2.3%~19.1%),这可能是因为阻尼器的安装位置在顶层的缘故。和表7-1一样,在表7-2中也可以发现附加颗粒阻尼器的钢框架在 Wenchuan 激励下的减振效果最差,尤其是顶层加速度在 0.2g 工况下还有放大现象。这也从另一个方面说明颗粒阻尼器系统的性能与输入激励相关的复杂性。

图7-4给出了在不同类型地震波激励下,框架模型顶层的加速度时程曲线。可以发现,与图7-3给出的位移时程曲线类似,多单元多颗粒阻尼器在大部分工况下,不但减小了最大加速度响应,而且能减小其在整个时间历程内的响应,但是在不同激励下的减振效果不同,尤其是 Wenchuan 波

表 7-2　模型顶层最大加速度响应和一层层间位移响应

地震波类型	加速度峰值	附加阻尼器框架		不附加阻尼器框架		减振效果	
		顶层加速度	一层层间位移(mm)	顶层加速度	一层层间位移(mm)	顶层加速度	一层层间位移
Kobe	0.05g	0.213g	19.185	0.240g	20.498	11.3%	6.4%
	0.1g	0.366g	33.713	0.398g	33.749	8.0%	0.1%
	0.2g	0.591g	58.178	0.637g	59.025	7.2%	1.4%
El Centro	0.05g	0.178g	18.080	0.198g	18.419	10.1%	1.8%
	0.1g	0.296g	29.627	0.311g	30.703	4.8%	3.5%
	0.2g	0.501g	52.471	0.567g	55.743	11.6%	5.9%
Wenchuan	0.05g	0.168g	14.335	0.172g	14.757	2.3%	2.9%
	0.1g	0.318g	26.947	0.345g	28.479	7.8%	5.4%
	0.2g	0.474g	60.269	0.452g	60.833	−4.9%	0.9%
SHW2	0.05g	0.362g	35.587	0.430g	37.155	15.8%	4.2%
	0.1g	0.473g	58.534	0.586g	60.075	19.1%	2.6%
	0.2g	—		—		—	

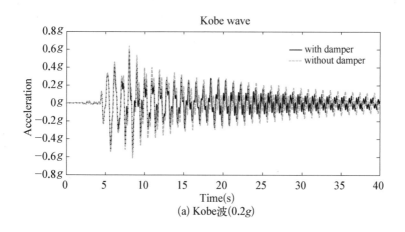

(a) Kobe波(0.2g)

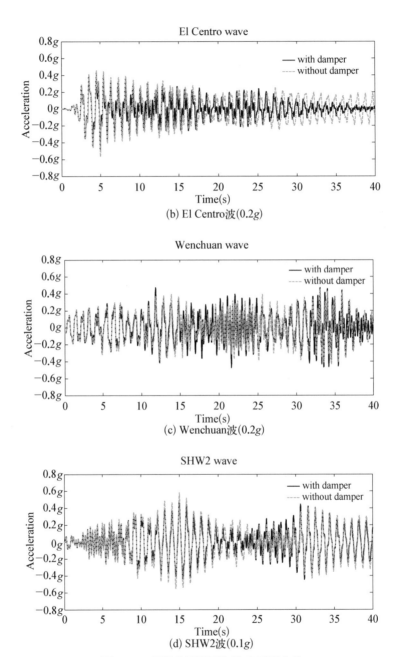

(b) El Centro波(0.2g)

(c) Wenchuan波(0.2g)

(d) SHW2波(0.1g)

图7-4 框架模型顶层加速度时程曲线

激励下的效果最差。事实上,钢框架结构在 Wenchuan 波激励下的位移响应比在其他激励下的响应要小,这也是系统减振效果较差的一个原因(较大幅度的框架响应能够使容器内的颗粒产生更剧烈的碰撞,从而通过颗粒与主体结构的动量交换和能量耗散来消耗更多的能量,以加强减振效果)。

7.2.3 模型各层最大位移和最大加速度反应曲线

图 7-5 所示为在不同地震激励下,试验模型各层的最大位移和最大加速度响应曲线。可以看到,基本上框架每一层的振动响应都能被减小,尽管减小的程度不太一样。由于结构体系类似于频率过滤器,在地震波向上传递的过程中,高频部分逐渐被过滤掉,振动的频率逐渐以基频为主。但在结构底层反应中,高频部分占的比重有可能较大。由于加速度与频率的平方成正比,既然底层的加速度反应含有高频分量,因此,尽管底层位移较

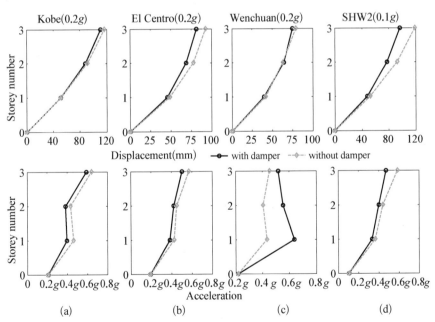

图 7-5 框架模型各层的最大位移和最大加速度响应曲线。(a) Kobe 波 (0.2g);(b) El Centro 波 (0.2g);(c) Wenchuan 波 (0.2g); (d) SHW2 波(0.1g)

小,但也有可能底层的加速度会大于顶层[52],这在图 7-5(c)中可以看到。

7.2.4 典型试验反应过程

图 7-6 从试验模型响应的录像中截屏了一系列图片,反映了多单元多颗粒阻尼器在一定时间段内的典型运动过程。可以看到,在一定的时间历

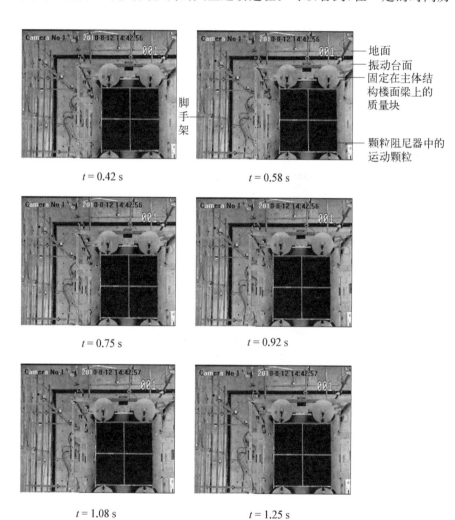

$t = 0.42$ s $t = 0.58$ s

脚手架

地面
振动台面
固定在主体结构楼面梁上的质量块

颗粒阻尼器中的运动颗粒

$t = 0.75$ s $t = 0.92$ s

$t = 1.08$ s $t = 1.25$ s

图 7-6 附加多单元多颗粒阻尼器的试验框架模型在 El Centro 波 (0.2g)激励下的典型试验反应过程

程中,颗粒团以颗粒流的形式运动,即这些颗粒团聚在一起,基本朝一个方向共同运动,待完成与容器壁的碰撞以后,再一起朝相反的方向运动,而不是各个方向杂乱无章的随机运动。这与第 5.1.4 节的理论分析结果是一致的,也与单颗粒阻尼器的最优控制条件(即颗粒在一个周期内与容器壁产生两次碰撞)类似[96]。

7.2.5　试验结果讨论

通过以上试验结果的分析可以看到,附加多单元多颗粒阻尼器的钢框架在 Kobe 波,El Centro 波和 SHW2 波输入下,都能够得到较好的振动控制效果(包括顶层位移响应、均方根位移响应和顶层最大加速度响应等),其中尤以反映振动能量的均方根响应的减振效果最好,这从响应的时程曲线上面也能看到。在 Wenchuan 波输入下的减振效果最差,尤其是 0.2g 工况的时候,加速度反应还有所放大。这一方面和输入激励的特性有关(Wenchuan 波的频谱特性说明其主要频率集中在 2.7 Hz 左右,而其他波的主要频率比较接近于主体框架的自振频率,即 1 Hz);另一方面也和钢框架在 Wenchuan 波输入下的位移响应较小有关。钢框架的响应较小,导致颗粒与主体结构的碰撞不够剧烈,从而两者之间的动量交换和能量耗散也就相对较少,减振效果也较差。

与调谐质量阻尼器类似,多单元多颗粒阻尼器的前期减振效果不理想,后期的减振效果较好。这是由于颗粒与容器壁的碰撞以及这些碰撞的颗粒形成颗粒流的运动形式,需要一定的时间。

7.3　数值模型验证

为了验证本书提出的颗粒阻尼器球状离散元数值模型的可行性和正

确性,将试验模型的一些结构参数输入到所编制的程序中,以观察计算结果是否与试验结果吻合良好。

根据试验记录,从采集的台面加速度时程曲线中截取一个完整波作为计算输入波,将依据此波计算出来的结果与同时采集的模型顶层位移时程曲线相比较,通过理论与实测曲线的符合程度来验证所提的数值模型和算法的正确性。在进行数值模拟时,为方便起见,将各质点的位移和速度初值赋为零。因此,计算结果与试验记录相比较,在起始段会有一定出入。随着计算过程的逐步进行,初值选取对结构体系反应的影响将逐步减小。

数值模型和算法以及计算模型可详见本书第3章和第6.2节。

试验框架模型的质量,刚度和阻尼比如下,用于计算的系统参数如表7-3所示。

$$M = \begin{bmatrix} 1\,915 & 0 & 0 \\ 0 & 1\,915 & 0 \\ 0 & 0 & 2\,124 \end{bmatrix} \text{kg}$$

$$K = \begin{bmatrix} 933\,000 & -466\,500 & 0 \\ -466\,500 & 933\,000 & -466\,500 \\ 0 & -466\,500 & 466\,500 \end{bmatrix} \text{N/m}, \zeta_1 = 0.013$$

表7-3 系统参数取值

系 统 参 数	数 值
容器单元数目	4
颗粒总数	$63 \times 4 (\mu = 2.25\%)$
颗粒直径(mm)	50.4
颗粒密度(kg/m³)	7 800
摩擦系数	0.5

系　统　参　数	数　值
阻尼器的临界阻尼比	0.1
颗粒与容器壁弹簧刚度(N/m)	100 000
颗粒间弹簧刚度(N/m)	100 000

图7-7,图7-8,图7-9和图7-10所示分别为附加多单元多颗粒阻尼器的框架模型顶层在0.1g和0.2g各个地震激励下的位移和加速度时

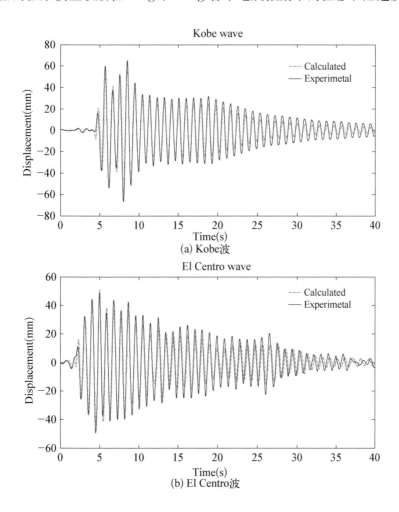

(a) Kobe波

(b) El Centro波

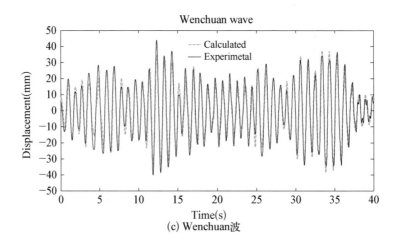

(c) Wenchuan波

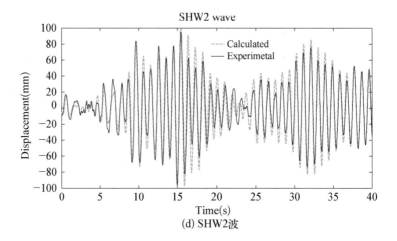

(d) SHW2波

图7-7 附加多单元多颗粒阻尼器的试验框架模型在0.1g地震激励
下的顶层位移时程曲线

程的计算值和试验值的对比曲线，可以发现两者符合的较好。表7-4列
出了模型顶层位移峰值在不同地震激励下的计算值与试验值的对比，发
现两者也基本符合。这些都说明本书提出的数值模型和分析方法能够一
定程度上比较准确地计算出附加颗粒阻尼器系统在实际地震激励下的
响应。

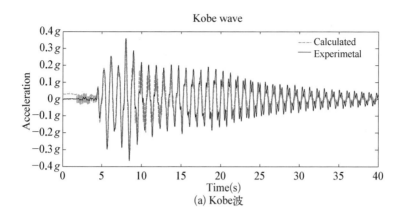

(a) Kobe波

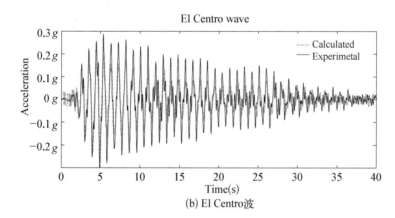

(b) El Centro波

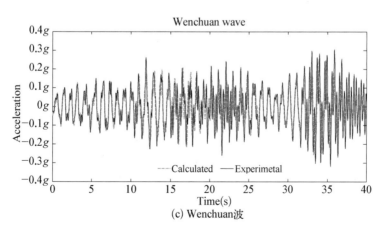

(c) Wenchuan波

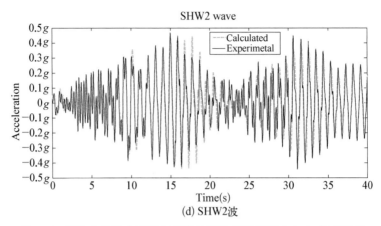

(d) SHW2波

图 7-8　附加多单元多颗粒阻尼器的试验框架模型在 **0.1g** 地震激励下的顶层加速度时程曲线

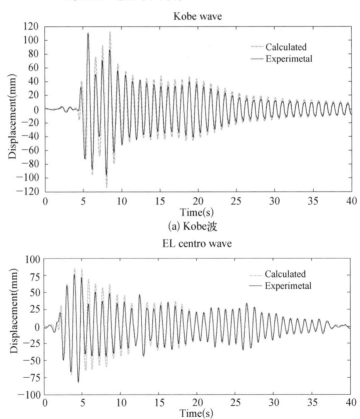

(a) Kobe波

(b) El Centro波

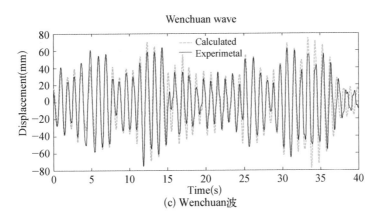

(c) Wenchuan波

图 7-9 附加多单元多颗粒阻尼器的试验框架模型在 0.2g 地震激励下的顶层位移时程曲线

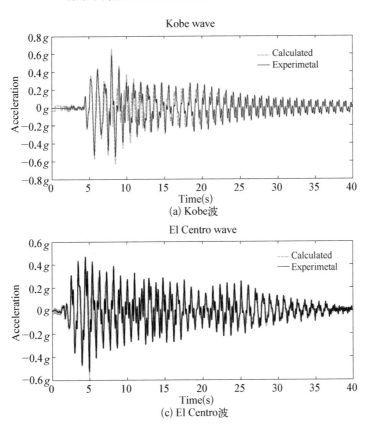

(a) Kobe波

(c) El Centro波

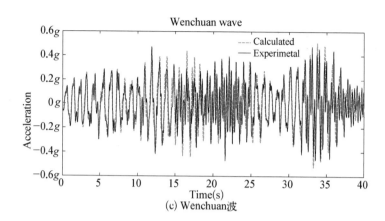

图 7-10 附加多单元多颗粒阻尼器的试验框架模型在 **0.2g** 地震激励
下的顶层加速度时程曲线

表 7-4 模型顶层最大位移响应计算值与试验值对比

地震波类型	加速度峰值	计算值(mm)	试验值(mm)	误　差
Kobe	0.05g	37.726	38.335	−1.6%
	0.1g	67.638	66.665	1.5%
	0.2g	114.519	110.979	3.2%
El Centro	0.05g	29.713	30.366	−2.2%
	0.1g	49.472	49.319	0.3%
	0.2g	84.206	81.416	3.4%
Wenchuan	0.05g	22.418	23.118	−3.0%
	0.1g	42.113	43.994	−4.3%
	0.2g	77.174	75.354	2.4%
SHW2	0.05g	69.821	70.774	−1.3%
	0.1g	98.465	96.420	2.1%
	0.2g	—	—	—

7.4　本章小结

本章在前几章介绍了单自由度、多自由度主体结构附加颗粒阻尼器在自由振动、正弦激励、稳态随机激励以及非平稳随机激励下的性能的基础上,研究了一个三自由度主体结构附加多单元多颗粒阻尼器在实际地震波输入下的性能响应,即介绍了在一座三层单跨的钢结构框架模型顶层安装颗粒阻尼器的振动台试验,得到以下几点结论:

(1)附加很小质量比(2.25%)的颗粒阻尼器能够减小主体结构的响应(位移,加速度和层间位移响应等),尤其是对均方根位移的减振效果最好,能减小响应的大部分时间历程。

(2)颗粒阻尼器的减振效果与输入激励的频谱特性有关,也和主体结构的振动幅度有关。

(3)在试验过程中,可以观察到阻尼器内的颗粒以颗粒流的形式在一定周期内来回运动,这种运动形式的减振效果较好。

(4)与调谐质量阻尼器类似,颗粒阻尼器在主体结构振动前期的减振效果不理想,后期效果较好。

(5)通过数值仿真结果与试验结果的比较,验证了本书提出的颗粒阻尼器球状离散元数值模型的正确性和可行性。

第8章

结论与展望

8.1 结　　论

消能减震体系由于具有概念简单、制作方便、减振效果显著、安全可靠、可用于不同烈度不同抗震要求的结构物和设备、不但适用于新建筑,还适用于旧建筑物的抗震加固等优点,因而具有广阔的应用前景。颗粒阻尼器虽然很早就应用于航天机械等行业,但由于其运动形态的高度非线性,在土木工程界的应用尚处于基础研究阶段。

本书对附加颗粒阻尼器的系统进行了较为准确详尽的理论研究和试验分析,并提出了用于仿真模拟该系统的数值模型和方法,得到以下一些结论:

(1) 本书利用离散单元法,建立了颗粒阻尼器球状离散元数值模型,并通过理想试验和实际振动台试验的验证,证明该方法是正确并且可行的。

(2) 单颗粒阻尼器的解析分析表明,当系统达到稳态振动时,若各个颗粒在每个周期内与容器碰撞两次,则系统是稳定的,且这时候的系统减振效果最优。相比于单单元单颗粒阻尼器,多单元单颗粒阻尼器能够大大减小颗粒与容器壁的碰撞力,并降低噪声。

（3）由于重力场的存在,竖向颗粒阻尼器的动力性能有其特点。在自由振动过程中,颗粒阻尼大致分三个阶段作用于主结构:首先,阻尼器的容器壁撞击颗粒,把主系统的动量传递给颗粒;其次,颗粒与容器剧烈碰撞,大量耗能并产生大部分的阻尼作用;最后,颗粒在重力作用下在容器底部堆积,仅产生微小的阻尼作用。该阻尼作用受初始振幅以及容器尺寸等因素的影响,具有高度非线性。

（4）由于碰撞颗粒的多向运动,使得附加颗粒阻尼器的系统在 x 和 y 方向上的运动耦合,呈现复杂的响应状态。为了分析该种运动状态,需要一些“全局化”的手段作为显式指标,来表征系统的总体性能。研究发现,以下几个指标能很好地揭示颗粒阻尼器不同组成部分之间相互作用的物理本质,并能表征阻尼器的最优工作状态:有效动量交换;碰撞和摩擦引起的系统能量耗散;以及任意颗粒速度的互相关函数。

（5）对于附加颗粒阻尼器的多自由度体系,颗粒阻尼器能有效控制主体结构的第一阶模态振动,但对于高阶模态振动的控制效果受到很多其他因素的影响。一般情况下,阻尼器安装在结构顶层,能达到较好的减振控制效果。

（6）大量系统参数对颗粒阻尼器的性能产生影响,这些参数影响的讨论贯穿在本书的第 4—7 章。

① 在保持质量比不变的情况下,增加颗粒数量能够减小系统响应对容器尺寸变化的敏感性,颗粒的材料和尺寸对主系统响应的影响不是很明显;

② 增加颗粒质量比能够非线性地提高系统的减振效果,但是有一限值;

③ 当外界正弦激励的频率接近或者大于主系统的自振频率时,附加很小质量的颗粒阻尼器能产生较好的控制效果;

④ 采用高恢复系数颗粒的阻尼器,其最优工作区间较宽,即对容器尺

寸变化的敏感性较低；

⑤ 外界激励强度的提高能够增加阻尼器的效率，但是有一限值；对于实际地震波输入，其影响更为复杂，还与输入的频谱特性相关；

⑥ 圆柱体形状的颗粒阻尼器比长方体形状的阻尼器具有更好的减振效果，且能很好地应对多轴激励，即使其相对强度和方向并不预知；

⑦ 库仑摩擦力对阻尼器的性能影响复杂，但总体上是不利的；

⑧ 设计合理的颗粒阻尼器，以其很小的质量比，就能对系统阻尼较小的主体结构产生相当程度的减振效果。

（7）单单元多颗粒阻尼器和多单元单颗粒阻尼器都有其自身的运动特性。若外界激励的方向与多单元单颗粒阻尼器的设置方向一致，则该装置能取得更好的振动控制效果（基于同样的有效质量比）。然而，实际工程中，主系统往往会受到不同组分不同方向的激励的输入（比如地震），人们并不能提前预知激励的输入方向，因此，多颗粒阻尼器以其对激励方向的无选择性的特点有可能成为更好的振动控制装置。

（8）通过对一个三层钢框架附加多单元多颗粒阻尼器的模拟振动台试验，发现附加很小质量比（2.25%）的颗粒阻尼器能够减小主体结构的响应，尤其是反映能量效应的均方根位移响应；通过录像观察也发现，阻尼器内的颗粒以颗粒流的形式运动时，减振效果较好；该试验也进一步验证了本书提出数值模型的准确性。

8.2　进一步工作的方向

本书的研究虽然取得了初步成果，但是还需在以下几个方面做进一步的研究：

（1）考虑到实际结构的复杂性以及离散元方法的巨大计算量，一方面需要研究更有效率的计算方法；另一方面也可以研究一些对阻尼器的等效计算方法，以降低其运算量；

（2）研究对传统颗粒阻尼器进行改进，以进一步提高其控制效率；

（3）研究颗粒阻尼器的实用计算方法和设计方法；

（4）由于颗粒阻尼器本身所特有的复杂性，采用单一学科的知识难以研究透彻其所有规律，必须多学科交叉应用进行研究，特别是当颗粒直径变小数量增加，乃至成为粉体时，需要进一步结合粉体力学、多相流理论、相似学理论以及多尺度理论，对其阻尼特性进行更加深入的研究；

（5）本书通过振动台试验，着重分析了地震输入下颗粒阻尼器的减振效果，对于其在风振下的控制效果还有待进一步研究。

参考文献

［1］ 周福霖. 工程结构减震控制[M]. 北京：地震出版社，1997.

［2］ Yao J T P. Concept of structural control[J]. Journal of the Structural Division, ASCE，1972，98(7)：1567－1574.

［3］ Housner G W，Bergman L A，Caughey T K，et al. Structural control：past, present，and future[J]. Journal of Engineering Mechanics，ASCE，1997，123 (9)：897－971.

［4］ 唐家祥，刘再华. 建筑结构基础隔震[M]. 武汉：华中理工大学出版社，1993.

［5］ Hanson R D，et al. State-of-the-art and state-of-the-practice in seismic energy dissipation［C］//Proceedings of ACT-17－1 on seismic isolation，energy dissipation and active control，1993，2：449－471.

［6］ Ou J P，Wu B，Soong T T. Recent advances in research on and application of passive energy dissipation system[J]. 地震工程与工程振动，1996，16：72－96.

［7］ 闫峰. 粘滞阻尼墙耗能减振结构的试验研究和理论分析[D]. 上海：同济大学，2004.

［8］ Zhang R H，Soong T T，Mahmoodi P. Seismic response of steel frame structures with added viscoelastic dampers［J］. Earthquake Engineering and Structural Dynamics，1989，18：389－396.

［9］ Tsai C S，Lee H H. Application of viscoelastic dampers to high-rise buildings[J]. Jouranl of Structural Engineering, ASCE, 1993, 119: 1222 - 1233.

[10] Kasai K, Munshi J A, Lai M L, et al. Viscoelastic damper hysteretic model: theory, experimental and application[C]//Proceedings of ACT-17 - 1 on seismic isolation, energy dissipation and active control, 1993, 2: 521 - 532.

[11] Sheng K L, Soong T T. Modeling of viscoelastic dampers for structural application [J]. Jouranl of Engineering Mechanics, ASCE, 1995, 121: 694 - 701.

[12] Zhang R H, Soong T T. Seismic design of viscoelastic dampers for structural application[J]. Journal of Structural Engineering, 1992, 118: 1375 - 1392.

[13] Soong T T, Lai M L. Correlation of experimental results and predictions of viscoelastic damping of a model structure[J]. Proceeding of Damping, 1991, 91: 1 - 9.

[14] Chang K C, Lai M L, Soong T T, et al. Seismic behavior and design guidelines for steel frame with added viscoelastic dampers[R]. State University of New York at Buffalo, Buffalo, New York, 1993.

[15] Chang K C, Lai M L, Soong T T. Effect of ambient temperature on viscoelastically damped structure[J]. Journal of Structure Engineering, 1992, 118(7): 1955 - 1973.

[16] Kasai K, Fu Y, Lai M L. Finding of temperature-insensitive viscoelasstic damper frames[C]//Proceedings of the First World Conference on Structural Control, 1994, 1: 3 - 12.

[17] Markis N. Complex -parameter Kelvin model for elastic foundation [J]. Earthquake Engineering and Structural Dynamics, 1994, 23: 251 - 264.

[18] Blodnet M. Dynamic response of two viscoelastic dampers[R]. Project of No. ES - 2046, Department of Civil Engineering, University of California, Berkeley, California.

[19] 郝东山,秦洪涛,叶于政.足尺钢框架结构附加耗能减震阻尼装置的试验研究

[J]. 工程抗震,1994.

[20] 吴波,郭安薪. 粘弹性阻尼器的性能研究[J]. 地震工程与工程振动,1998,18(2): 108 - 116.

[21] 周云,徐赵东,邓雪松. 粘弹性阻尼器的性能试验研究[C]//国际结构控制与健康诊断研讨会(光盘),中国深圳,2000.

[22] 李爱群,程文让. 工程结构隔震、减震与振动控制研究进展[R]. 现代地震工程进展,中国南京,2002.

[23] Foutch D A, Wood S L, Brady P A. Seismic retrofit of nonductile reinforced concrete frames using viscoelastic dampers[C]//Proceeding of ACT - 17 1 on seismic isolation, energy dissipation and active control, 1993, 2.

[24] 欧进萍,邹向阳. 高层钢结构粘弹性耗能减震试验与分析[J]. 哈尔滨建筑大学学报,1999,32(4): 1 - 6.

[25] 徐赵东,赵鸿铁,沈亚鹏,等. 粘弹性阻尼结构的振动台试验[J]. 建筑结构学报, 2001,22(5): 6 - 10.

[26] Harris C M, Crede C E. Shock and vibration handbook[M]. New York: McGraw-Hill, 1976.

[27] Douglas P T. History, design, and applications of fluid dampers in structural engineering [C]//Proceedings of Structural Engineers World Congress, Japan, 2002.

[28] Constantinou M C, Symans M D. Experimental and analytical investigation of seismic response of structures with supplemental fluid viscous dampers[R]. Techanic report No. NCEER - 92 - 0027, State University of New York at Buffalo, Buffalo, New York.

[29] Makris N, Constantinou M C. Analytical model of viscoelastic fluid dampers[J]. Journal of Structural Engineering, ASCE, 1993, 119: 3310 - 3325.

[30] Arima F, Miyazaki M. A study on buildings with large damping using viscous damping walls [C]//Proceedings of Ninth World Conference on Earthquake Engineering, Japan, 1988.

[31] Miyazaki M，Mitsusaka Y. Design of a building with 20% or greater damping [C]//Proceedings of Tenth World Conference on Earthquake Engineering，Spain，1992.

[32] Thomson W. Vibration theory and applications[M]. Prentice-Hall，Englewood，Cliffs，New Jersey，1965.

[33] Makris N，Constantinou M C. Fractional derivative maxwell model for viscous dampers. Journal of Structural Engineering，1991，117(9)：2708-2724.

[34] Pekcan G，Mander J B，Chen S S. Fundemental considerations ofr the design of non-linear viscous dampers [J]. Earthquake Engineering and Structural Dynamics，1999，28：1405-1425.

[35] 赵振东,王本利,马兴瑞,等. 油阻尼器对随机激励的响应研究[J].地震工程与工程振动,2000,20(1)：105-111.

[36] Sadek F，Mohraz B，Riley M A. Linear procedures for structures with velocity-dependent dampers [J]. Journal of Structural Engineering，ASCE，2000，126(8)：887-895.

[37] 翁大根,卢著辉,徐斌,等. 粘滞阻尼器力学性能试验研究[J].世界地震工程,2002,18(4)：30-34.

[38] 叶正强,李爱群,徐幼麟.工程结构粘滞流体阻尼器减振新技术及其应用[J].东南大学学报,2002,32(3)：466-473.

[39] Constantinou M C，Symans M D. Seismic response of structures with supplemental fluid dampers[J]. Structural Design of Tall Buildings，1993，2：93-132.

[40] Reinhorn A M，Li C，Constantinou M C. Experimental and analytical investigation of seismic retrofit of structures with supplement damping：part 1：Fluid viscous damping devices[R]. NCEER Report，State University of New York at Buffalo，Buffalo，New York，1995.

[41] 丁建华.结构的粘滞流体阻尼减振系统及其理论与试验研究[D].哈尔滨：哈尔滨工业大学,2001.

[42] 贺强. 粘滞阻尼器抗震减震试验研究[D]. 上海：同济大学,2003.

[43] 谭在树,钱稼茹. 钢筋混凝土框架用粘滞阻尼墙减震研究[J]. 建筑结构学报,1998.

[44] Pall A S, Marsh C. Response of friction damped braced frames[J]. Journal of the Structural Division, ASCE, 1982, 108(ST6)：2325-2336.

[45] Grigorian C E, Popov E P. Slotted bolted connections for energy dissipation [C]//Proceeding of ACT-17-1 on seismic isolation, energy dissipation and active control, 1993, 2：545-556.

[46] Aiken J D, Kelly J M. Earthquake simulator testing and analytical studies of two energy-absorbing system for multistory structure[R]. No. UCB/EERC-90/03, Earthquake Engineering Research Center, University of California, Berkeley, California, 1990.

[47] 吴斌,欧进萍. 高层拟粘滞摩擦耗能结构的试验与参数研究[J]. 世界地震工程, 1999,15(2)：17-27.

[48] 邹向阳. 粘弹性与拟粘滞摩擦耗能减振结构试验、分析与应用研究[D]. 哈尔滨：哈尔滨工业大学,2000.

[49] Scholl R E. Design criteria for yield and friction energy dissipation[C]// Proceedings of ACT-17-1 on Seismic Isolation, Energy Dissipation and Active Control, 1993, 2：485-495.

[50] Nims D K, Richter P J, Bachman R E. The use of the energy dissipating retraint for seismic hazard mitigation[J]. Earthquake Spectra, 1993, 9：467-486.

[51] Tsiatas G, Daly K. Controlling vibrations with combination viscour/friction mechanisms[C]//Proceedings of First World Conference on Structural Control, 1994, 1：3-5.

[52] 周强. 带有耗能器平面钢框架体系数值分析与试验研究[D]. 上海：同济大学,2000.

[53] Pall A S, Pall R. Friction-dampers used for seismic control of new and existing buildings in Canada[C]//Proceeding of ACT-17-1 on seismic Isolation,

Energy Dissipation and Active Control，1993，2：675-686.

[54] 吴波,李惠,林立岩,等.东北某政府大楼采用摩擦阻尼器进行抗震加固的研究[J].建筑结构学报,1998,19(5)：28-36.

[55] 欧进萍,邹向阳,龙旭,等.振戎中学食堂楼耗能减震分析与设计(1)-反应谱法[J].地震工程与工程振动,2001,21(1)：109-114.

[56] 欧进萍,何政,龙旭,等.振戎中学食堂楼耗能减震分析与设计(2)-能力谱法与地震损伤性能控制设计[J].地震工程与工程振动,2001,21(1)：115-122.

[57] Kelly J M, Skinner R L, Heine A J. Mechanics of energy absorption in special devices for use in earthquake-resistant structures [J]. National Society for Earthquake Engineering, 1972, 5(3)：63-88.

[58] Aiken J D, Nims D K, Whittaker A S, et al. Testing of passive energy dissipation systems[J]. Earthquake Spectra, 1993, 9(3)：335-370.

[59] Skinner R I, Kelly J M, Heine A J, et al. Hysteresis dampers for the protection of structures from earthquake[J]. National Society for Earthquake Engineering, 1980, 13(1)：22-26.

[60] Monte M D, Robison H A. Lead shear damper suitable for reducing the motion induced by wind and earthquake [C]//Proceedings of the Eleventh World Conference on Earthquake Engineering, Acapulco, Mexico, 1998.

[61] 倪立峰,李爱群,左晓宝,等.形状记忆合金超弹性阻尼性能的试验研究[J].地震工程与工程振动,2002,22(6)：129-134.

[62] Dargush G F, Soong T T. Behavior of metallic plate dampers in seismic passive energy dissipation system[J]. Earthquake Spectra, 1995, 11：545-568.

[63] Tsai C S, Tsai K C. TPEA devices as seismic damper for high-rise buildings[J]. Journal of Engineering Mechanics, ASCE, 1994, 121：1075-1081.

[64] 欧进萍,吴斌.摩擦型和软钢屈服型耗能器的性能与减振效果的试验比较[J].地震工程与工程振动,1995,15：73-87.

[65] Xia C, Hanson R D. Influence of ADAS element parameters on building seismic response [J]. Journal of Structural Engineering, ASCE, 1992, 118：

1903 - 1918.

[66] Tsai K C, Chen H W, Hong C E, et al. Design of steel triangular plate energy absorbers for seismic-resistant construction[J]. Earthquake Spectra, 1993, 9: 505 - 528.

[67] 欧进萍,吴斌,龙旭. 耗能减振结构的抗震设计方法[J]. 地震工程与工程振动, 1998,18(2): 202 - 209.

[68] Perry C L, Fierro E A, Sedarat H, et al. Seismic upgrade in San Francisco using energy dissipation devices[J]. Earthquake Spectra, 1993, 9(3): 559 - 579.

[69] Ciampi V. Use of energy dissipation devices, based on yielding of steel for earthquake protection of structures[C]//Proceedings of International Meeting on Earthquake Protection of Buildings, Ancona, Italy, 1991.

[70] Panossian H V. Structural damping enhancement via nonobstructive particle damping technique[J]. Journal of Vibration and Acoustics, 1992, 114(1): 101 - 105.

[71] Hollkamp J J, Gordon R W. Experiments with particle damping [C]// International Symposium on Smart Structures and Materials, San Diego: SPIE, 1998.

[72] Masri S F, Caughey T K. On the stability of the impact damper[J]. Journal of Applied Mechanics, 1966, 33: 586 - 592.

[73] Ibrahim R A. Vibro-impact dynamics, modeling, mapping and applications. Lecture notes in applied and computational mechanics [R]. Berlin: Springer, 2009.

[74] Nayeri R D, Masri S F, Caffrey J P. Studies of the performance of multi-unit impact dampers under stochastic excitation [J]. Journal of Vibration and Acoustics, 2007, 129(2): 239 - 251.

[75] Papalou A and Masri S F. Performance of particle dampers under random excitation[J]. Journal of Vibration and Acoustics-Transactions of the Asme, 1996, 118(4): 614 - 621.

[76] Saeki M. Analytical study of multi-particle damping[J]. Journal of Sound and Vibration, 2005, 281(3 - 5): 1133 - 1144.

[77] Popplewell N and Semercigil S E. Performance of the bean bag impact damper for a sinusoidal external force[J]. Journal of Sound and Vibration, 1989, 133(2): 193 - 223.

[78] 李伟,朱德懋,胡选利,等. 豆包阻尼器的减震特性研究[J]. 航空学报,1999, 20(2): 168 - 170.

[79] Li K N, Darby A P. A buffered impact damper for multi-degree-of-freedom structural control[J]. Earthquake Engineering & Structural Dynamics, 2008, 37: 1491 - 1510.

[80] Paget A L. Vibration in steam turbine buckets and damping by impact[J]. Engineering, 1937, 143: 305 - 307.

[81] Lieber P, Jensen D P. An acceleration damper: development, design and some applications[J]. Transactions of the ASME, 1945, 67: 523 - 530.

[82] Grubin C. On the theory of the acceleration damper[J]. Journal of Applied Mechanics, 1956, 23: 373 - 378.

[83] Oledzki A. New kind of impact damper — from simulation to real design[J]. Mechanism & Machine Theory, 1981, 16(3): 247 - 253.

[84] Skipor E, Bain L J. Application of impact damping to rotary printing equipment [J]. Journal of Mechanical Design, 1980, 102: 338 - 343.

[85] Moore J J, Palazzolo A B, Gadangi R, et al. Forced response analysis and application of impact dampers to rotor-dynamic vibration suppression in a cryogenic environment[J]. Journal of Vibration and Acoustics, 1995, 117(3A): 300 - 310.

[86] Sims N D, Amarasinghe A, Ridgway K. Particle dampers for workpiece chatter mitigation[J]. Manufacturing Engineering Division, ASME, 2005, 16(1): 825 - 832.

[87] Gibson B W. Usefulness of impact dampers for space applications[R]. Air Force

Institute of Technoligy, Wright-Patterson AFB, Ohio: School of Engineering, 1983.

[88] Torvik P J, Gibson W. Design and effectiveness of impact dampers for space applications[J]. Design Engineering Division, ASME, 1987, 5: 65 - 74.

[89] Friend R D, Kinra V K. Measurement and analysis of particle impact damping [C]//Proceedings of SPIE Conference, Passive Damping and Isolation, San Jose, California: SPIE, 1999.

[90] Friend R D, Kinra V K. Particle impacting damping[J]. Journal of Sound and Vibration, 2000, 233(1): 93 - 118.

[91] Marhadi K S, Kinra V K. Particle impact damping: effect of mass ratio, material and shape[J]. Journal of Sound and Vibration, 2005, 283(1): 433 - 448.

[92] Olson S E. An analytical particle damping model[J]. Journal of Sound and Vibration, 2003, 264(5): 1155 - 1166.

[93] Masri S F. General Motion of Impact Dampers[J]. The Journal of the Acoustical Society of America, 1970, 47(1B): 229 - 237.

[94] Bapat C N. Periodic motion of an impact oscillator[J]. Journal of Sound and Vibration, 1998, 209(1): 43 - 60.

[95] Masri S F. Effectiveness of two-particle impact dampers[J]. Journal of the Acoustical Society of America, 1967, 41(6): 1553 - 1554.

[96] Masri S F. Analytical and experimental studies of multiple-unit impact dampers [J]. The Journal of the Acoustical Society of America, 1969, 45 (5): 1111 - 1117.

[97] Bapat C N, Sankar S. Multiunit impact damper — reexamined[J]. Journal of Sound and Vibration, 1985, 103(4): 457 - 469.

[98] Bapat C N, Sankar S. Single unit impact damper in free and forced vibration[J]. Journal of Sound and Vibration, 1985, 99(1): 85 - 94.

[99] Ema S, Marui E. Fundamental study on impact dampers[J]. International Journal of Machine Tools and Manufacture, 1994, 34(3): 407 - 421.

[100] Duncan M R, Wassgren C R, Krousgrill C M. The damping performance of a signle particle impact damper[J]. Journal of Sound and Vibration, 2005, 286 (1 - 2): 123 - 144.

[101] Papalou A M, S F. Response of impact dampers with granular materials under random excitation[J]. Earthquake Engineering & Structural Dynamics, 1996, 25(3): 253 - 267.

[102] Papalou A, Masri S F. An experimental investigation of particle dampers under harmonic excitation [J]. Journal of Vibration and Control, 1998, 4 (4): 361 - 379.

[103] Liu W, Tomlinson G R, Rongong J A. The dynamic characterisation of disk geometry particle dampers[J]. Journal of Sound and Vibration, 2005, 280(3 - 5): 849 - 861.

[104] Xu Z W, Chan K W, Liao W H. An empirical method for particle damping design[J]. Shock and Vibration, 2004, 11: 647 - 664.

[105] Wu C J, Liao W H, Wang M Y. Modeling of granular particle damping using multiphase flow theory of gas-particle[J]. Journal of Vibration and Acoustics, 2004, 126(2): 196 - 201.

[106] Fang X, Tang J. Granular Damping in Forced Vibration: Qualitative and Quantitative Analyses[J]. Journal of Vibration and Acoustics, 2006, 128(4): 489 - 500.

[107] Mao K M, Wang M Y, Xu Z W, et al. DEM simulation of particle damping [J]. Powder Technology, 2004, 142(2 - 3): 154 - 165.

[108] Saeki M. Impact damping with granular materials in a horizontally vibrating system[J]. Journal of Sound and Vibration, 2002, 251(1): 153 - 161.

[109] Veluswami M A, Crossley F R E. Multiple impacts of a ball between two plates, part 1: some experimental observations[J]. Journal of Engineering for Industry, ASME, 1975, 97: 820 - 827.

[110] Veluswami M A, Crossley F R E, Horvay G. Multiple impacts of a ball

between two plates, part 2: mathematical modeling[J]. Journal of Engineering for Industry, ASME, 1975, 97: 835 – 838.

[111] Sadek M M, Mills B. Effect of gravity on the performance of an impact damper, part 1: steady-state motion[J]. Journal of Mechanical Engineering Science, 1970, 12(4): 268 – 277.

[112] Sadek M M, Williams C J H, Mills B. Effect of gravity on the performance of an impact damper, part 2: stability of vibrational modes [J]. Journal of Mechanical Engineering Science, 1970, 12(4): 278 – 287.

[113] Cempel C, Lotz G. Efficiency of vibrational energy dissipation by moving shot [J]. Journal of Structural Engineering, 1993, 119(9): 2642 – 2652.

[114] Yokomichi I, Araki Y, Jinnouchi Y, et al. Impact damper with granular materials for multibody system[J]. Journal of Pressure Vessel Technology, 1996, 118(1): 95 – 103.

[115] Yokomichi I, Muramatsu H, Araki Y. On shot impact dampers applied to self-excited vibrations[J]. International Journal of Acoustics and Vibration, 2001, 6(4): 193 – 199.

[116] Yang M Y. Development of master design curves for particle impact dampers [D]. Pennsylvania: The Pennsylvania State University.

[117] Yang M Y, et al. Development of a design curve for particle impact dampers [J]. Noise Control Engineering Journal, 2005, 53(1): 5 – 13.

[118] Li K N, Darby A P. Experiments on the effect of an impact damper on a multiple-degree-of-freedom system[J]. Journal of Vibration and Control, 2006, 12(5): 445 – 464.

[119] Mao K M, Wang M Y, Xu Z W, et al. Simulation and characterization of particle damping in transient vibrations[J]. Journal of Vibration and Acoustics, ASME, 2004, 126(2): 202 – 211.

[120] Xu Z W, Wang M Y, Chen T N. Particle damping for passive vibration suppression: numerical modelling and experimental investigation[J]. Journal of

Sound and Vibration，2005，279(3-5)：1097-1120.

[121] Cundall P A，Strack O. A distinct element model for granular assemblies[J]. Geotechnique，1979，29：47-65.

[122] 魏群.散体单元法的基本原理数值方法及程序[M].北京：科学出版社,1991.

[123] 王泳嘉,刑纪波.离散单元法及其在岩土力学的应用[M].沈阳：东北工学院出版社,1991.

[124] 王强,吕西林.离散单元法及其在建筑工程中的应用现状[A].现代土木工程理论与实践.南京：河海大学出版社,2003：656-661.

[125] 张富文,吕西林.框架结构不同倒塌模式的数值模拟与分析[J].建筑结构学报，2009,30(5)：119-125.

[126] 王强.基于离散单元法的钢筋混凝土框架结构非线性与地震倒塌反应分析[M].上海：同济大学,2005.

[127] 毛宽民.非阻塞性微颗粒阻尼力学机理的理论研究及应用[M].西安：西安交通大学,1999.

[128] Du Y C，Wang S L. Energy dissipation in normal elastoplastic impact between two spheres[J]. Journal of Applied Mechanics，2009，76.

[129] Elperin T，Golshtein E. Comparison of different models for tangential forces using the particle dynamics method[J]. Physica A：Statistical and Theoretical Physics，1997，242(3-4)：332-340.

[130] Di Renzo A，Di Maio F P. Comparison of contact-force models for the simulation of collisions in DEM-based granular flow codes [J]. Chemical Engineering Science，2004，59(3)：525-541.

[131] Masri S F. Steady-State Response of a Multidegree System with an Impact Damper[J]. Journal of Applied Mechanics-Transactions of the Asme，1973，40(1)：127-132.

[132] Oldenburg M，Nilsson L. The position code algorithm for contact searching[J]. International Journal for Numerical Methods in Engineering，1994，37：359-386.

[133] Bonet J, Peraire J. An alternating digital tree (ADT) algorithm for 3D geometric searching and intersection problems[J]. International Journal for Numerical Methods in Engineering, 1991, 31: 1-17.

[134] Connor R O, Gill J, Williams J R. A linear complexity contact detection algorithm for multy-body simulation[C]//Proceedings of 2nd U. S. Conference on Discrete Element Methods, MIT, Massachusett, 1993.

[135] Preece D S, Burchell S L. Variation of spherical element packing angle and its influence on computer simulations of blasting induced rock motion [C]// Proceedings of 2nd U. S. Conference on Discrete Element Methods MIT, Massachusett, 1993.

[136] Mirtich B. Impulse -based dynamic simulation of rigid body systems[D]. California: University of California, Berkeley, 1988.

[137] Munijiza A, Andrews K R F. NBS contact detection algorithm for bodies of similar size[J]. International Journal for Numerical Methods in Engineering, 1998, 43: 131-149.

[138] Lu Z, Masri S F, Lu X. Parametric studies of the performance of particle dampers under harmonic excitation [J]. Structural Control and Health Monitoring, 2009. DOI: 10. 1002/stc. 359.

[139] Butt A S. Dynamics of impact-damped continuous systems[D]. Louisiana: Louisiana Tech University, 1995.

[140] Lu Z, Lu X, Masri S F. Studies of the performance of particle dampers under dynamic loads [J]. Journal of Sound and Vibration, 2010, 329 (26): 5415-5433.

[141] Masri S F. Response of multi-degree-of-freedom system to nonstationary random excitation[J]. Journal of Applied Mechanics, 1978, 45(3): 649-656.

后　记

不知不觉，来到同济已经整整十年了。十年同济的学习生活，让我从一个不知天高地厚的高中生变成一个勤学、慎思、谨严、笃行的青年。这十年的学习生活，带给我的不仅是学术的进步，更多的是对生活的感悟，对我终生有益。

最终能顺利完成本文，首先要感谢的是我的导师吕西林老师。自从2003年加入到吕老师带领的课题组开始做本科毕业论文至今，已有整整七年。这七年中，吕老师渊博的专业知识，严谨的治学态度，精益求精的工作作风，诲人不倦的高尚师德，平易近人的人格魅力无时无刻不影响着我，在潜移默化中帮助我提高成长。尤其是在2007—2009年为期两年的公派出国交流学习期间，吕老师依然关心我的学习和生活，通过邮件和电话指导我的论文工作，这让身在异国他乡的我倍感温暖和感动。

还要感谢我在南加州大学（University of Southern California）的导师Sami F. Masri教授。他认真敬业的工作态度深深打动了我，他办公室的门永远都为学生打开，学生有问题请教他，哪怕再忙，当天他也一定会作出回应。Masri教授课题组的博士Hae-Bum（Andrew）Yun, Miguel Hernandez Garcia, Reza Jafarkhani, Mohammad Jahanshahi, Ali Bolourchi等也给予了我不少学习和生活上的帮助，在此深表感谢。在美国求学的两年,是我成长最快的两年,一辈子都不会忘记。深深感谢在美期间给我帮助的朋友:郑凡、王小星、吕玺林、白晶、张国伟、于刚、陶东旺、刘芳、寇知青、袁伟等,也忘不了给我的生活带来不少乐趣的小猫 Tom。

同时,感谢结构所的蒋欢军、李培振、周颖、章红梅和曹阳老师对我学业和日常生活给予的关心和帮助,在做振动台试验期间,我还得到了实验室卢文胜、赵斌、曹文清、钱智信等老师的大力帮助,在此表示感谢。还要感谢 B107 教研室的各位同门,包括张杰、张松、骆文超、张富文、陈绍琳、徐崇恩、康婧、干淳洁、谢栩英、朱旭东、徐芳、毛苑君、尹超、陈俊儒、康利平等。求学路上的风雨同舟有他们相伴,实乃人生幸事,谨以此书与他们共勉。感谢实习期间给我帮助的李懿学长,你教育我要积极主动地去做事的话语,一直都铭记在心。

感谢我的父母,感谢你们的关爱和鼓励,感谢你们一直默默地奉献自己的一切,都只是为了让我生活得更好,我不会让你们失望。

最后感谢所有关心过我的老师、同学和朋友,是你们让我的生活丰富多彩。感谢十年同济给我的人生带来的美好回忆。我爱同济!

鲁　正